U0262850

天空地协同遥感监测精准应急服务 | 图集

邵　芸　赵忠明　黄富祥　肖　青　王宇翔　编

科学出版社

北　京

内 容 简 介

本书源于国家重点研发计划"地球观测与导航"重点专项"天空地协同遥感监测精准应急服务体系构建与示范"项目研究成果。全书共 3 章。第 1 章首先介绍精准应急服务与指挥调度平台的开发成果,包括任务管控系统、应急服务链组配集成系统、精准应急共性服务系统、分布式应急事件协同标绘与推演系统、应急空间决策支持主动服务系统、应急指挥调度系统和多源信息时空展示发布系统。第 2 章展示协同观测、数据整合与应急信息提取技术成果。第 3 章通过应急服务定制与指挥应用示范展示天空地协同遥感监测精准应急服务技术在未来北京冬奥会应急服务、电网应急和地震应急监测中的应用。

本书可供遥感、应急管理、灾害监测等学科领域的科研人员参考使用,也可供高等院校相关专业研究生和教师使用。

图书在版编目(CIP)数据

天空地协同遥感监测精准应急服务图集/邵芸等编. —北京:科学出版社,2020.7

ISBN 978-7-03-065594-3

Ⅰ. ①天… Ⅱ. ①邵… Ⅲ. ①遥感技术–应用–突发事件–公共管理–监测–图集 Ⅳ. ①D035–39

中国版本图书馆 CIP 数据核字(2020)第 112112 号

责任编辑:魏英杰 / 责任校对:王 瑞
责任印制:师艳茹 / 封面设计:蓝 正

审图号:GS(2020)2602 号

科学出版社 出版
北京东黄城根北街 16 号
邮政编码:100717
http://www.sciencep.com
中国科学院印刷厂 印刷
科学出版社发行 各地新华书店经销
*
2020 年 7 月第 一 版 开本:889×1194 1/12
2020 年 7 月第一次印刷 印张:7 1/3
定价:399.00 元
(如有印装质量问题,我社负责调换)

序

21 世纪以来，人类可持续发展面临着重大挑战。全球气候变化加剧，高温、严寒、干旱、内涝等极端事件频频出现；地球再次进入地震活跃期，强震、中震发生频率明显增高；恐怖袭击屡屡发生，全球治理面临前所未有的考验。

面对国家减灾防灾救灾的紧迫需求，邵芸研究员主动请缨，组织和协调多学科研发团队，创新构思、统筹规划、科学布局、精心设计，于 2016 年承担国家重点研发计划"地球观测与导航"重点专项"天空地协同遥感监测精准应急服务体系构建与示范"项目。该项目以遥感技术为核心，协同多种空间信息技术，深入开展了天空地组网监测应急服务体制与机制的研究，建立了天空地协同观测系统，研制了精准应急服务与指挥调度平台系统原型，研发了地震、社会安全、气象、电网突发事件应急示范系统并开展应用示范，实现了系统和主要模块的业务化运行，在国家应急体系中发挥了重要作用。

我高兴地看到，在完成这个科研项目的同时，相关成果的著作和图集也即将出版。这是天空地遥感技术在应急监测领域研究中的标志性成果，值得业内同仁庆贺。

邵芸是我最早的学生之一，多年来她埋头苦干，致力于遥感科学技术和空间地理信息应用事业。可以说，《天空地协同遥感监测精准应急服务研究》和《天空地协同遥感监测精准应急服务图集》是邵芸团队多年来对遥感科学技术和空间地理信息应用事业的深刻感悟，也是他们三年多来辛勤耕耘、锐意创新取得的丰硕成果的系统总结。著作和图集很好地反映和展现了天空地协同遥感监测精准应急服务体系构建与应用示范方面的最新进展，对广大从事空间信息应用研究，应急事件处置、应对和管理的人员有很高的参考价值。

在这里，我热诚推荐此书，以飨广大读者！

徐冠华

2020 年 4 月 7 日

前　言

近年来，全球极端天气频发、自然灾害加剧、突发性社会安全事件增多，给社会稳定和人民生命财产安全造成极大危害。有效利用云计算、物联网、大数据与数字地球等现代信息技术，聚合分析天空地多源多维异构数据，实现精准应急服务与指挥决策，是服务"一带一路"倡议的重要支撑。为此，我国第一批重点研发计划支持了"天空地协同遥感监测精准应急服务体系构建与示范"项目。项目围绕地震灾害监测与灾情评估、北京冬奥会气象与安全应急保障、电力与通信等国家重大基础设施监控与修复的应急服务需求，以遥感技术为核心，协同多种空间信息技术，研究天空地协同遥感监测应急服务标准与规范，突破了天空地一体化协同观测、数据聚合分析和精准信息提取技术，构建了应急服务与指挥调度平台，开展了重点区域的突发事件应急服务示范。

本书以图文并茂的形式展示项目研究的成果，全面系统地阐述天空地协同遥感监测精准应急服务系统及其在突发事件中的应急服务示范。全书共 3 章。第 1 章介绍精准应急服务与指挥调度平台的开发成果，包括任务管控与指挥调度系统、应急服务链组配集成系统、精准应急共性服务系统、分布式应急事件协同标绘与推演系统、应急空间决策支持主动服务系统、应急指挥调度系统和多源信息时空展示发布系统。第 2 章展示协同观测、数据整合与应急信息提取技术成果。第 3 章通过应急服务定制与指挥应用示范，展示天空地协同遥感监测精准应急服务技术在未来北京冬奥会应急服务，以及电网应急和地震应急监测中的示范应用。

本书是国家重点研发计划"地球观测与导航"重点专项"天空地协同遥感监测精准应急服务体系构建与示范"项目的研究成果，是参加项目的所有科研人员的智慧结晶，得到中国科学院遥感与数字地球研究所、国家卫星气象中心、北京航天宏图信息技术股份有限公司、中国电力科学研究院、中国人民解放军 61081 部队、黑龙江大学、北京邮电大学、西北工业大学、中国农业大学、北京市气象台、南京大学、桂林理工大学等参研单位，以及浙江省微波目标特性测量与遥感重点实验室的大力支持。项目在执行的过程中得到中华人民共和国科学技术部高技术研究发展中心、项目专家组的支持和指导，在此一并致谢！

限于作者水平，书中难免存在不妥之处，恳请读者批评指正。

目 录

第 1 章   精准应急服务与指挥调度平台

精准应急服务与指挥调度平台面向典型突发事件的应急需求，集成了任务管控与指挥调度系统、应急服务链组配集成系统、精准应急共性服务系统和多源信息时空展示发布系统，具备资源规划部署调度、数据信息获取、信息融合与综合分析、服务聚焦与信息产品生成、应急响应指挥、辅助决策支持等能力。

图 1.1　精准应急服务与指挥调度平台主界面

图 1.2　精准应急共性服务系统界面

1.1   任务管控与指挥调度系统

任务管控与指挥调度系统是平台的控制中心，提供任务订单的创建、处置任务规划、任务订单提交下发、处理结果查看、任务订单详情查看等功能，具备数据获取、产品生产任务调度的能力，可以实现整个应急指挥过程的任务调度。任务管控与指挥调度系统面向示范用户，任何时间、任何地点都可提交订单进行任务规划，过程时间小于 5 分钟，可以满足高效应急服务的需求。

图 1.3   任务管控与指挥调度系统——产品生产任务订单创建界面

1.2 应急服务链组配集成系统

应急服务链组配集成系统提供节点管理、算法管理、服务链流程管理和执行监控等功能，可以实现产品一键式、自动化生产。应急服务链组配集成系统采用松耦合、插件集成技术架构，支持不同示范根据实际需求一键式添加服务模块，以便产品生产和服务，具备可扩展、可移植等特点，可以满足多用户、多示范应急需求。

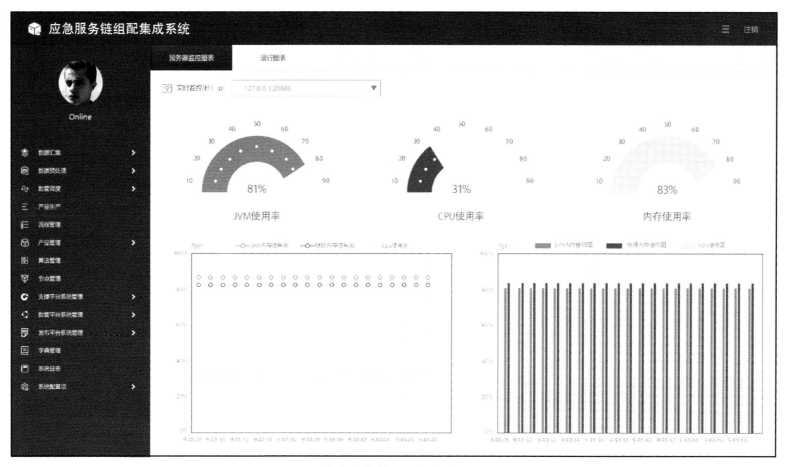

图 1.4 应急服务链组配集成系统主界面

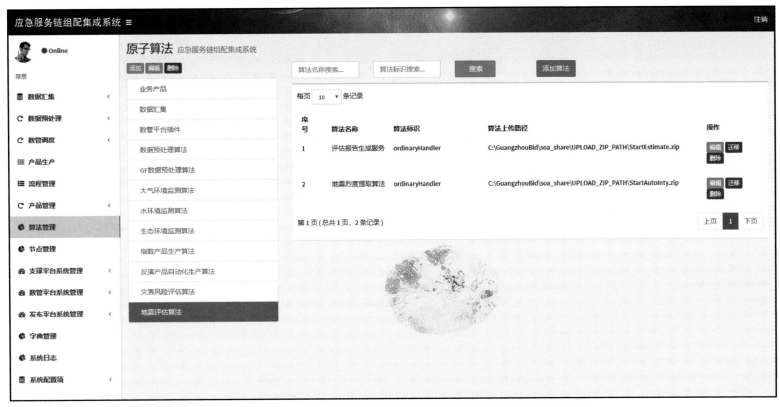

图 1.5　应急服务链组配集成系统算法管理界面

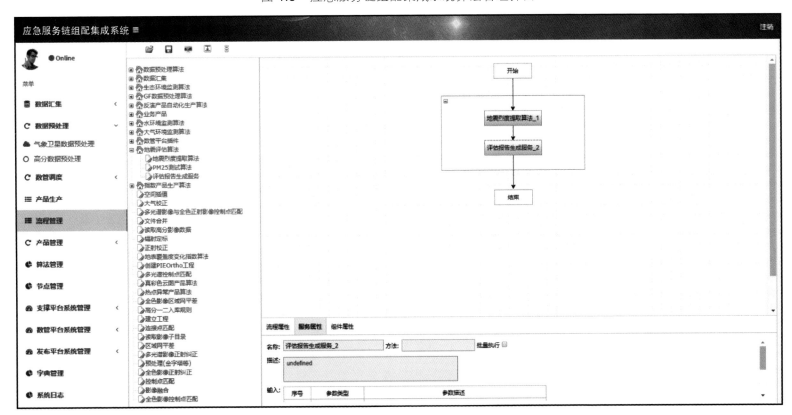

图 1.6　应急服务链组配集成系统服务链流程管理界面

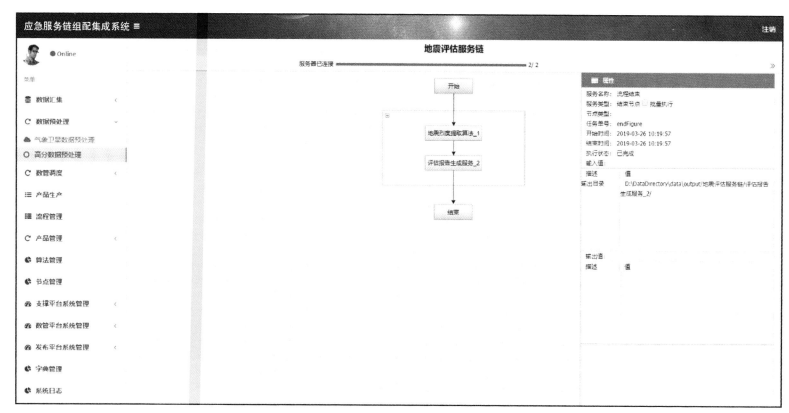

图 1.7　应急服务链组配集成系统服务链数据预处理界面

1.3　精准应急共性服务系统

精准应急共性服务系统面向应用示范具体需求，提供精准、精细化、共性服务，具备数据信息获取、信息融合与综合分析等能力。

精准应急共性服务系统的气象应急保障服务模块主要提供道路气象信息和预警信息，可查看各时间段内各个站点周围的气象情况和道路安全等级，为北京冬奥会气象保障提供支持；精准位置服务系统模块提供终端设备精准定位服务，对注册在系统内的终端设备进行定位、统计和展示，为地震救灾和突发事件应急提供支持；应急知识管理服务系统模块可实现应急支持相关文档的上传、下载、存储和管理，为应急决策提供支持。

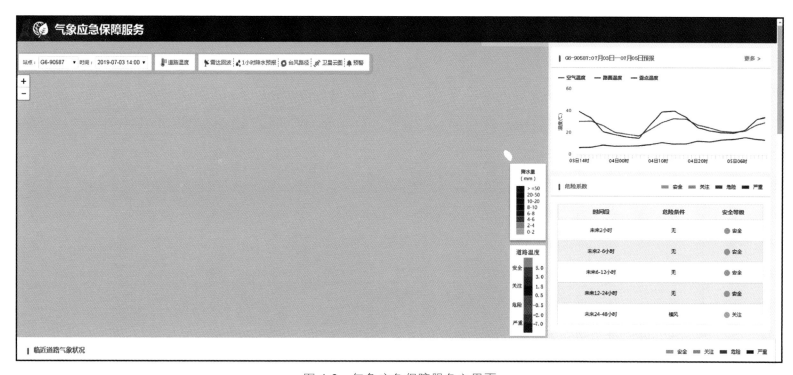

图 1.8　气象应急保障服务主界面

图 1.9 精准位置服务系统界面

图 1.10 应急知识管理服务系统界面

1.4　分布式应急事件协同标绘与推演系统

分布式应急事件协同标绘与推演系统可以满足互联网环境下的多人影像判读和协同标绘的工作需求，适用于应急事件发生后大型遥感影像判读任务。

多位标绘人员在网络环境下以适当的方式进行组织，按照既定的任务目标和技术要求，分工协作、优质高效地完成各种大型遥感影像标绘应用任务。标绘人员根据分工负责各自的任务区域或者不同种类的解译工作，相互之间即时可以看到共同操作结果，第一时间获得最有用的、最相关的参考信息。如果是疑难目标，标绘人员可同时关注该目标，利用标注、文字、语音等交流意见。

每位标绘人员可以借助各自访问权限内的参考资源，集中多人的经验知识和全面的参考信息来判定疑难目标。

分布式应急事件协同标绘与推演系统可在灾区重大基础设施分布、灾区基础地理信息等先验信息的支持下，结合灾后遥感影像解译的重大基础设施损毁情况，进行综合研判，为减灾应用示范提供决策支持。

下面以青海玉树地震为例进行震后建筑物倒塌区和灾区安置区的协同标绘。

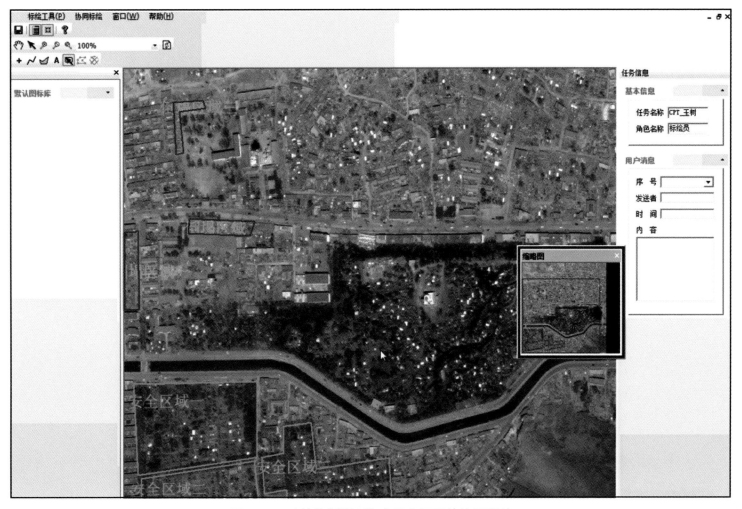

图 1.11　建筑物倒塌区和灾区安置区的协同标绘

1.5 应急空间决策支持主动服务系统

应急空间决策支持主动服务系统主界面右侧部分为系统功能导航界面，系统功能采用导航树组织，有模型库、数据库和决策支持的导航；左侧部分是主工作区，功能操作在这个区域进行，主要包括系统管理、模型库管理系统、数据库管理系统、实例库管理系统、空间数据处理、空间决策支持等功能。

图 1.12 应急空间决策支持主动服务系统主界面

通过模型库的工作窗口，用户可以删除、修改、查看、运行所有模型，点击工作区窗口内的字段项可以对记录排序，快速查看相应的元数据；点击"模型注册"可以进入模型注册界面，填写模型的描述语义元数据，导入相关模型的描述文档和结构图片；点击已经注册模型可以浏览模型描述的详细信息、下载详细描述文档和浏览结构图片；点击"模型查询"可以通过输入的关键词对模型进行检索。

应急空间决策支持主动服务系统

test 主页 注销

模型库 > 所有模型服务

添加

删除	修改	查看	运行	模型编号	模型UDDI编号	模型名称	模型别名与简称	访问地址
×	✎	🔍	▶	6	138	最短路径分析算法	Router	http://192.168.0.115/DP_Router/Service.asmx
×	✎	🔍	▶	7	139	粒子群算法求函数极值	PSO	http://192.168.0.115/AI_PsoFunc/Service.asmx
×	✎	🔍	▶	8	140	遗传算法求函数极值	GA	http://192.168.0.115/AI_GAFunc/Service.asmx
×	✎	🔍	▶	9	141	人工神经网络算法	ANN	http://192.168.0.115/AI_ANN/Service.asmx
×	✎	🔍	▶	13	152	多元线性回归	dyhg	http://192.168.0.115/Reg_dyhg/Service.asmx
×	✎	🔍	▶	14	153	湖水污染回归分析模型	djffzPollutedLake	http://192.168.0.115/Reg_djffzPollutedLake/Service.asmx
×	✎	🔍	▶	15	154	单分子曲线回归	djffz	http://192.168.0.115/Reg_djffz/Service.asmx
×	✎	🔍	▶	17	156	指数回归	bzshgx	http://192.168.0.115/Reg_bzshgx/Service.asmx
×	✎	🔍	▶	18	157	水库污染回归分析模型	byyhg	http://192.168.0.115/Reg_byyhgPollutedRes/Service.asmx
×	✎	🔍	▶	19	158	商品广告回归模型	byyhg	http://192.168.0.115/Reg_byyhgAdvertise/Service.asmx
×	✎	🔍	▶	20	159	一元幂回归	byycjs	http://192.168.0.115/Reg_byycjs/Service.asmx
×	✎	🔍	▶	21	160	修正指数曲线回归	bxzzs2	http://192.168.0.115/Reg_bxzzs2/Service.asmx
×	✎	🔍	▶	22	161	Blogis曲线回归	Blogis	http://192.168.0.115/Reg_blogis/Service.asmx
×	✎	🔍	▶	23	162	多项式回归	bdxshg	http://192.168.0.115/Reg_bdxshg/Service.asmx
×	✎	🔍	▶	24	163	新产品推销模型	logisticNewSales	http://192.168.0.115/Reg_logisticNewSales/Service.asmx
×	✎	🔍	▶	25	164	移动平均预测	ForcastTSeriesMoveAverage	http://192.168.0.115/Reg_ForcastTSeriesMoveAverage/Service.asm
×	✎	🔍	▶	26	165	价格弹性预测模型	CommercePriceElasticity	http://192.168.0.115/Reg_ForcastRegPriceElasticity/Service.asmx
×	✎	🔍	▶	27	166	工业预测模型的线性回归法	ForcastRegIndustry	http://192.168.0.115/Reg_ForcastRegIndustry/Service.asmx
×	✎	🔍	▶	28	167	社会总产值预测模型的线性回归法	ForcastRegGDP	http://192.168.0.115/Reg_ForcastRegGDP/Service.asmx
×	✎	🔍	▶	29	168	商业总产值预测模型	CommerceOutputValue	http://192.168.0.115/Reg_ForcastRegComOutputValue/Service.asm

首页 上一页　下一页 末页　当前页:1 总记录:47　总页数:3　[　] 转到

工作流设计与运行
系统管理
模型库管理系统
　模型注册
　模型查询
数据库管理系统
实例库管理系统
空间数据处理
空间决策支持

图 1.13　应急空间决策支持主动服务系统模型库界面

　　模型和数据经过封装后，可以用于应急空间决策支持主动服务系统决策支持。在应急空间决策支持主动服务系统决策支持界面中，用户可以通过新建流程、保存流程、打开流程、查询模型、查询数据、添加等构建流程，检测流程的连通性，同时也可以运行决策支持工作流和分步运行决策支持工作流。下面的界面展示了一个最短路径分析的示例，可以用于抢险人员路径规划、救灾物资配送路径规划等场景。

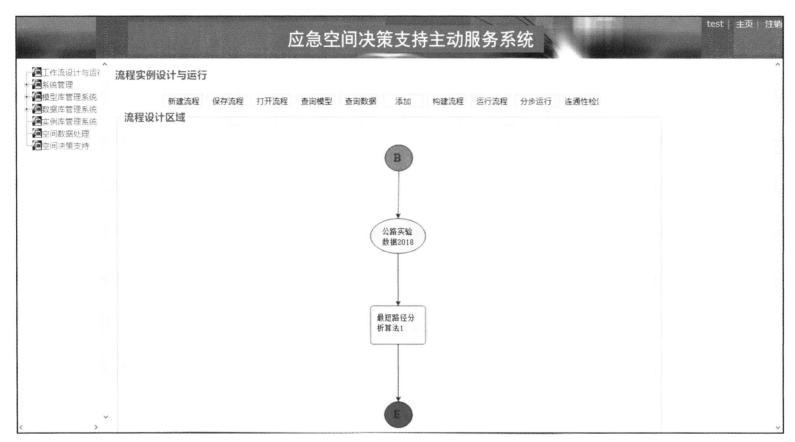

图 1.14　应急空间决策支持主动服务系统决策流程界面

1.6 应急指挥调度系统

应急指挥调度系统可以提供位置实时监控、指令信息下达、实时对讲、信息采集、指令群发等功能，能够实现前端人员和后端指挥调度系统之间的高效互通、精确指挥、快速反应，可广泛应用于应急救援等领域。

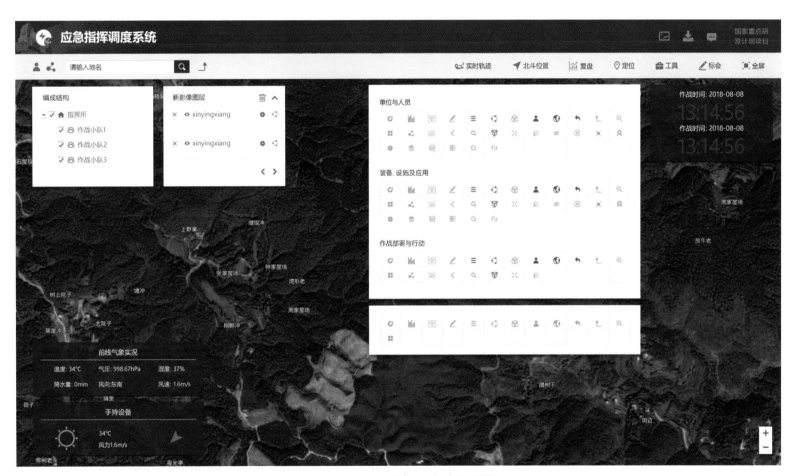

图 1.15 应急指挥调度系统界面

1.7 多源信息时空展示发布系统

多源信息时空展示发布系统具备二维、三维展示能力，可以多角度、全方位地展示各类应急服务与指挥调度数据和影像产品，提供渲染图、统计图、时间变化图等多元化展示方式，效果直观清晰。

图 1.16 多源信息时空展示发布系统三维展示界面

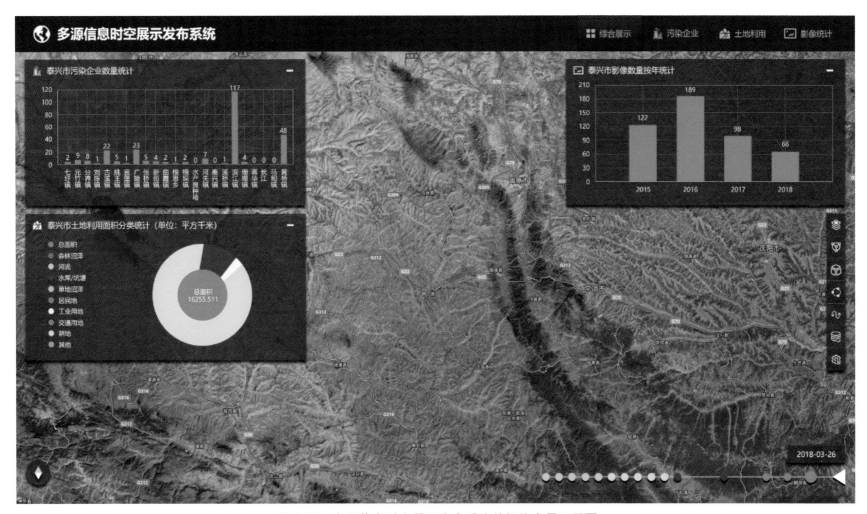

图 1.17　多源信息时空展示发布系统数据综合展示界面

第 2 章　协同观测、数据整合与应急信息提取

2.1　天空地协同观测

根据应急服务过程中对空间信息需求的差异性，以及各种空间数据的可获得性，高效利用天空地多维数据获取能力及资源，我们采取自上而下的协同原则，构建应急天空地协同观测体系，并形成软件模块。同时，完成卫星历史数据库建设，卫星、浮空器、有人机、无人机的观测规划软件模块编制，成功研制了基于手机的应急通 App 与自媒体应急信息软件。

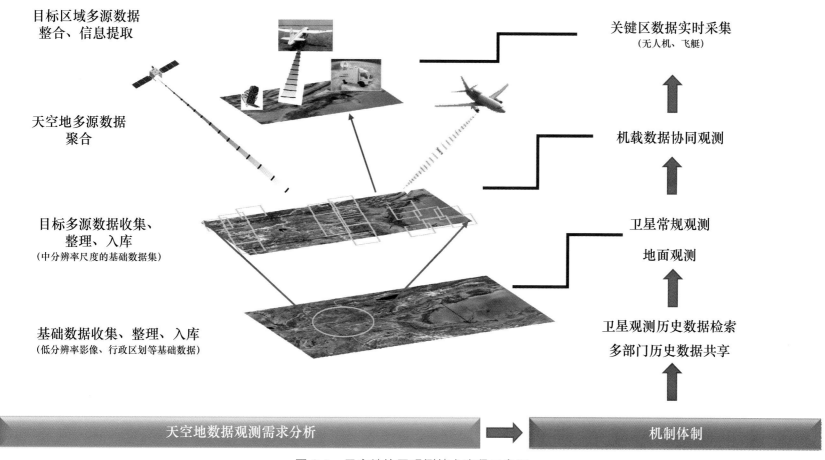

图 2.1　天空地协同观测技术流程示意图

2.1.1　天空地协同观测体系特色

天空地协同观测体系可以实现天空地协同多维数据的快速获取，满足时效性需求；目标明确，可以精准获取，针对目标区，可以优选资源，减少数据冗余；依各种维度分级获取，按照优先级分为时间维、空间维、光谱维和辐射维四个维度。同时，天空地协同观测体系可以在 5 分钟内实现 30 颗卫星的快速任务规划与历史数据查询，5 分钟内完成浮空器、机载数据协同规划，5 分钟内开始自媒体信息及地面应急信息的主动获取。

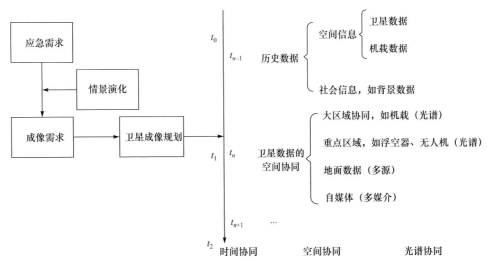

图 2.2 协同规划与数据获取技术流程

2.1.2 天空地数据的汇聚方式

卫星数据主要依赖专用网络进行传输。机载数据根据航空数据获取作业区域的客观条件，采用数据拷贝、公共网络传输与专用网络传输等多种方式进行汇聚。浮空器与无人机数据采用中继传输+公共网络+专用网络的方式。地面与自媒体直接通过 4G、5G 网络进行传输。

1. 天

针对灾害应急时间对卫星数据的需求，我们设计了灾害应急响应驱动的遥感卫星数据预处理产品快速获取技术流程。在突发事件驱动的多卫星协同观测技术方面，我们根据突发事件对卫星有效载荷、成像模式、分辨率、成像时间、成像区域等的需求，实现对多星多传感器成像观测任务的规划问题求解，形成成像观测方案，并封装成服务，供应急响应平台调用。遥感卫星数据预处理产品快速获取技术流程具有如下特点。

（1）应用范围全面。成像访问算法服务覆盖国内外常用的遥感卫星和成像传感器，卫星包括高分一号卫星、资源三号卫星、资源三号 02 卫星、实践 9A/9B 卫星、资源一号 02C 卫星、中巴地球资源卫星 04 星、环境与灾害监测预报小卫星星座 1A/1B/1C 星，美国的 LANDSAT-8 卫星，法国的 Pleiades-1A 卫星、Pleiades-1B 卫星、SPOT-6 卫星、SPOT-7 卫星，加拿大的 RADARSAT-2 卫星

等。

（2）计算效率高。卫星成像任务规划算法在分析卫星成像任务规划的影响因素的基础上采用遗传算法，同时考虑传感器、成像模式、侧摆角度、地面目标区域、成像时间范围等约束条件。算法具有非常高的计算精度和计算效率，可以为突发事件的快速响应提供技术支撑。

2. 空

（1）航线规划软件模块。针对光学面阵相机、线阵相机、激光雷达（light detection and ranging，LiDAR）和合成孔径雷达（synthetic aperture radar，SAR）等传感器的工作原理，考虑作业区域范围和地形条件，航线规划软件模块根据任务的技术参数要求，进行航线设计，可以解决目前无人机地面站软件中航线设计功能简单、不能考虑地形条件、传感器类型单一等问题。其优点是配套全国航空资源库和无人机组网观测资料；内置全国数字高程模型（digital elevation model，DEM），可根据地形进行航线设计；支持多种类型传感器；可加载天地图、谷歌地图等提供位置参考。

我们开发的无人机数据处理软件模块可以实现无人机光学遥感数据的精准采集、快速拼接、三维建模。

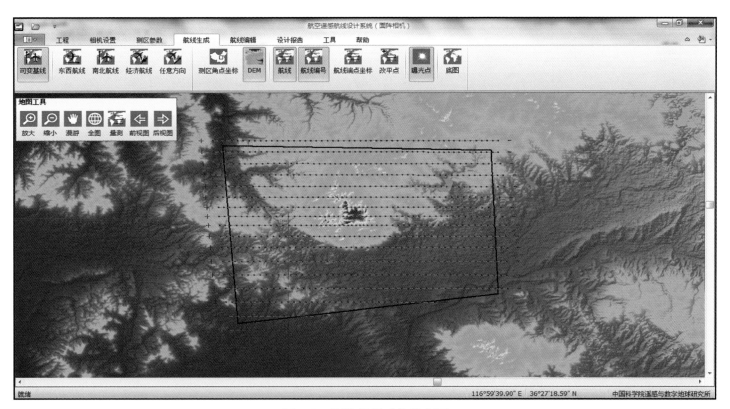

图 2.3　面阵相机成像规划图

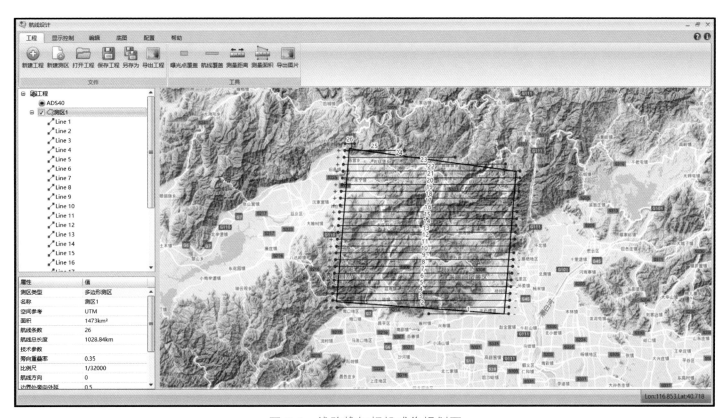

图 2.4　线阵推扫相机成像规划图

图 2.5 滑坡现场无人机影像的快速获取

图 2.6 滑坡区域的三维立体建模

（2）浮空器观测管控平台。针对应急情况下浮空器影像快速处理的需求，我们进行了飞艇姿态模拟、飞行模拟与分辨率计算，提出影像快速地理定位与快拼、视频实时去雾与稳像、车辆行人动态目标实时跟踪等方法，开发了浮空器观测管控平台。

图 2.7　浮空器观测管控平台界面

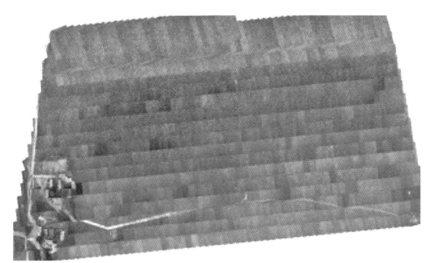

图 2.8　飞艇影像的快速定位与拼接

无人机平台适用于高海拔、高寒地区，能够在高危地区开展作业。在灾害发生时，长航时无人机能够及时进入现场，快速采集灾后影像。

图 2.9　HT-1200 六旋翼无人机

图 2.10　HT-3 垂直起降无人机

图 2.11　长航时无人机

图 2.12　传感器控制模块

准实时航空数据的快速处理系统可以兼容多种定位定姿系统（position and orientation system，POS）数据格式及影像数据格式，具备影像拼接功能，可以在 10 分钟内完成数据准备，1 小时内完成重点区域的图像处理，即 10km² 范围的 0.3m 地面采样距离（ground sampling distance，GSD）正射影像图。

处理效率

300 幅 6000 像素×4000 像素影像

分辨率 0.2m

运行时间 40min

图 2.13　准实时航空光学影像的快速处理效果图

针对无人机平台所具有的运动速度较快、机载资源有限、检测目标较小等特点，我们提出一种基于时-空-频显著性融合的运动目标检测算法，可以实现无人机动目标的鲁棒快速跟踪。

图 2.14　无人机动目标检测测试成果展示（红色框为提出算法的检测结果，绿色框为根据时空显著性得到的检测结果）

3. 地

作为天空地协同监测的一部分，我们依托多种地面传感监测手段，对重点区域的地上和地下信息实现突发事件的持续监测。

近年来，随着智能移动设备的普及，"人+智能终端"作为一种强大的传感器，在不断地感知周围环境。与其他固定值守的监测网不同，这种方式可以充分利用大众的广泛分布性、灵活移动性和机会连接性进行感知，为应急服务提供辅助支持。公众志愿者和应急作战人员作为移动端（应急通 App）的使用者，不但可以在移动的嵌入式电子地图上实时得到位置信息、周边环境信息及场所的标注信息，而且可以把突发事件的位置、灾害现场环境数据（如声音、亮度、方位、图片）和灾害现场工作数据（如灾害速报、现场医疗处置、工作现场评估）等信息及时上报。

目前手机定位方法受信号衰减、环境干扰、多路径传播、部署成本高等问题的影响难以在室内外达到高精度定位，为此我们采用基于视觉影像的定位技术，设计定位流程并进行可行性实验及验证，实现了不依赖额外设备的手机高精度定位。通过普通手机（Smartisan U2 Pro）测试，误差在 10cm 以内的图幅数量是 56 幅，准确率达 93.33%。

图 2.15　应急通 App 界面及主要使用流程

(a) 建模数据采集　　(b) 场景模型构建　　(c) 模型真实尺度确定　　(d) 图像查询实验

图 2.16　基于视觉的高精度手机定位技术流程图

2.2　面向地震应急的社交媒体信息快速获取和聚合分析技术

地震发生后，社交媒体中往往涌现出的大量高质量、高价值的应急信息，并具有良好的时效性和自发性。但是由于这些应急信息数据量庞大、信息冗余度高、文本随意性大等问题，较难在应急救援中发挥作用。面向震后应急救援对灾情信息具有快速、精准、全面获取的需求，我们针对社交媒体数据构建应急信息指标体系，基于主题爬虫实现了微博、贴吧、新闻网站的地震应急信息自动抓取与过滤，并根据地震应急需求进行信息分类和评价，挖掘地震应急信息辅助应急管理。

同时，我们基于定位后的社交媒体数据提取受灾人员的数量及位置信息，根据遥感影像等多源数据提取用于应急的滑坡体、道路信息、灾损建筑物信息等，结合空间分析快速生成各类灾害应急需求的专题地图，直观反映灾区的应急救援需求，方便专家判读并给出有效的救援方案，合理分配应急救援力量，有效缩短应急救援时间。

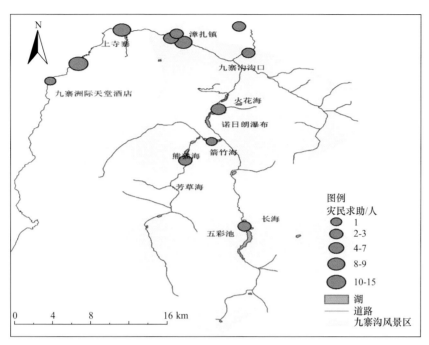

图 2.17　灾民求救类数据时空分布图

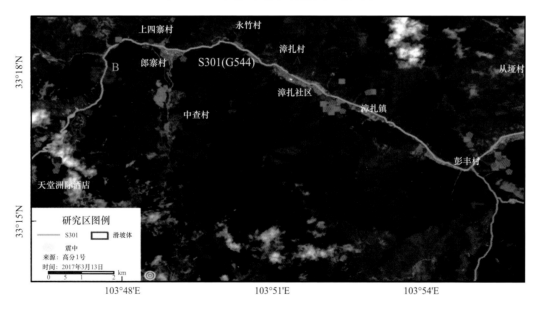

四川经济日报
2017-8-9 09:40

8月9日早7点半，记者从四川省政府新闻
办了解到，九寨沟7.0级地震导致省道301
线九黄机场至漳扎镇6处塌方，交通中断。
截至目前，四川省交通运输部门正全力组
织道路抢通工作，现场共有9台装载机、2
台挖掘机……

图 2.18　社交媒体信息地震精准救援案例图

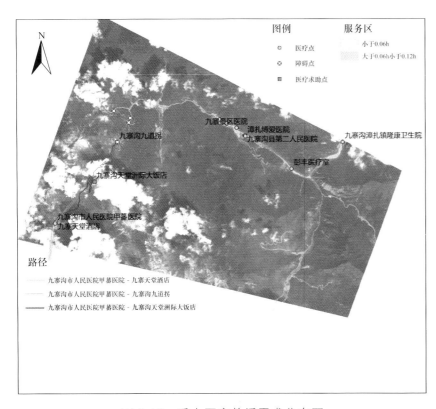

图 2.19　重大医疗救援需求分布图

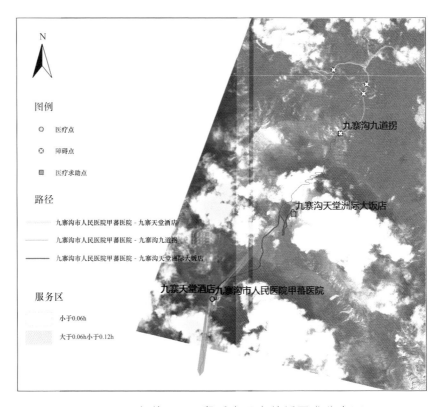

图 2.20　省道 301 西段重大医疗救援需求分布图

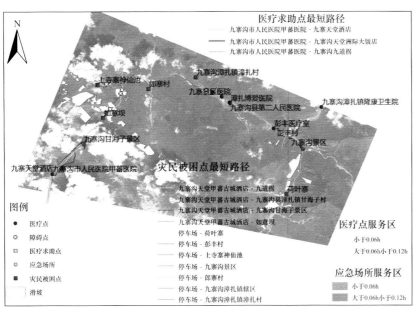

图 2.21　重大人员伤亡救援需求分布图

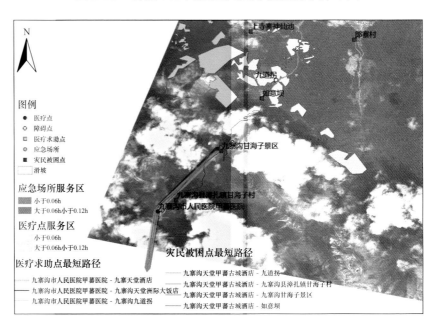

图 2.22　省道 301 西段重大人员伤亡救援需求分布图

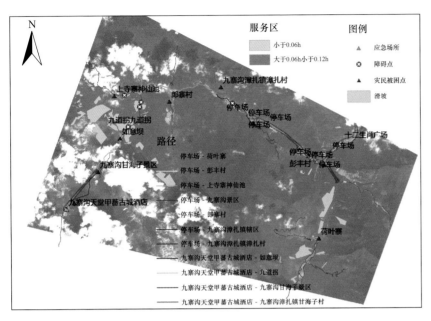

图 2.23　人员紧急疏散与安置需求分布图

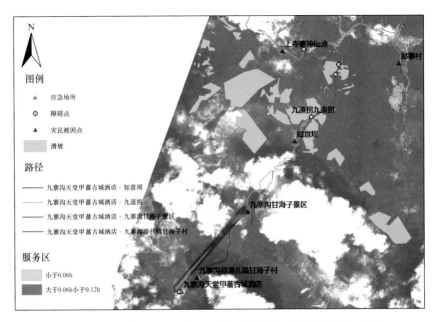

图 2.24　省道 301 西段人员紧急疏散与安置需求分布图

2.3　数据整合

我们建立了多源、多维、多场地异构时空数据整合与信息聚合系统。该系统集数据规划管理、数据整合、信息聚合等功能于一体，可以实现天空地协同观测数据产品的高速迅捷、精准服务。根据应急各个模式与阶段，系统可以提供自初级到精细化、定量化的产品。

天空地数据获取与整合平台提供空间多源异构数据存储与整合服务，并具有丰富的三维可视化展示与分析功能。整个协同工作模式从接受应急空间数据需求开始，通过平台分阶段调用上述天空地任务规划模块，形成理想的天空地协同观测方案。整个方案需要结合项目在应急机制体制方面的研究成果，以及数据和各种资源的实际情况，利用整合平台通过数据的空间聚合分析功能，形成可执行的实际协同获取方案，进行数据协同获取与整合，然后根据应急指挥要求，进行数据处理与信息提取，并推送至应急指挥部门。

多源异构特性应急数据直观高效的可视化功能，基于全球 Web 三维可视化框架的三维查询及分析功能，可以为灾害应急处置提供天空地信息集成展示分析手段。

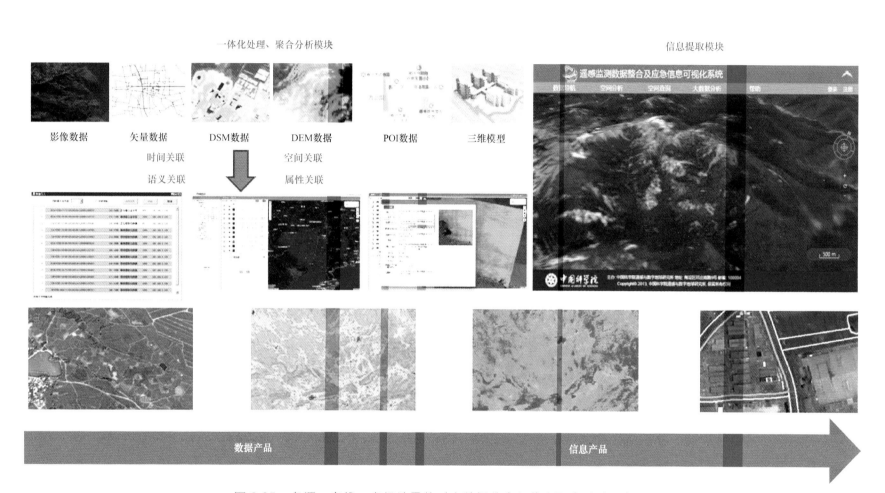

图 2.25 多源、多维、多场地异构时空数据整合与信息聚合系统示意图

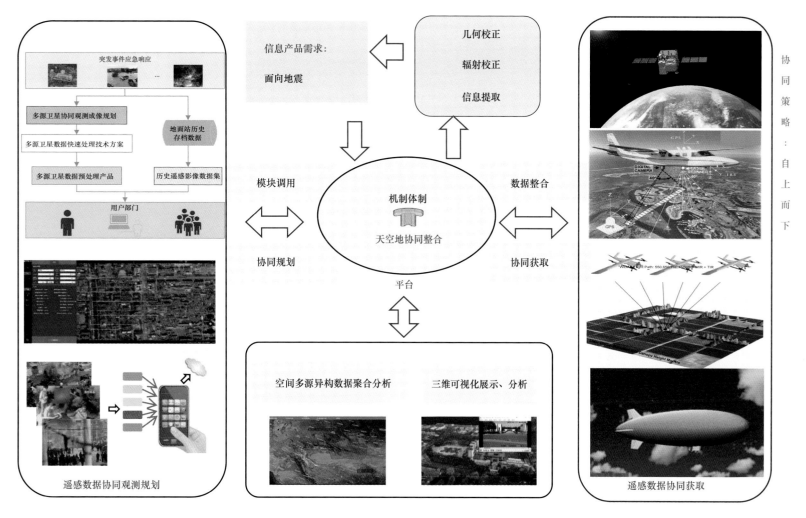

图 2.26　天空地协同工作流程图

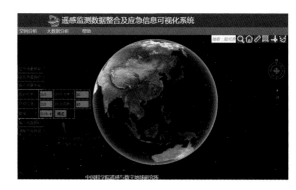

图 2.27　遥感监测数据整合及应急信息可视化框架

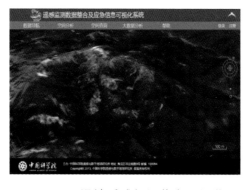

图 2.28　滑坡遥感解译信息可视化

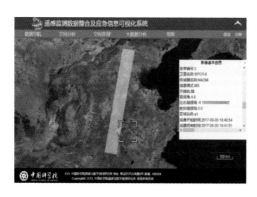

图 2.29　遥感多星耦合组网观测模型结果可视化

图 2.30　无人机倾斜摄影三维模型立体量测

图 2.31　地震自媒体信息可视化

图 2.32　堰塞湖溃决洪水动态模拟展示

2.4　应急信息提取

应急信息快速处理功能可以实现天空地协同数据的接收处理一体化、应急信息存储计算一体化。

我们对校正前和校正后陕西省商洛市丹凤县县城区域的高分二号遥感卫星多光谱和全色图像拼接效果进行对比，可以发现经一致性校正后，图像拼接效果较好，精度达到亚像素，可以为后期应用提供数据保障。

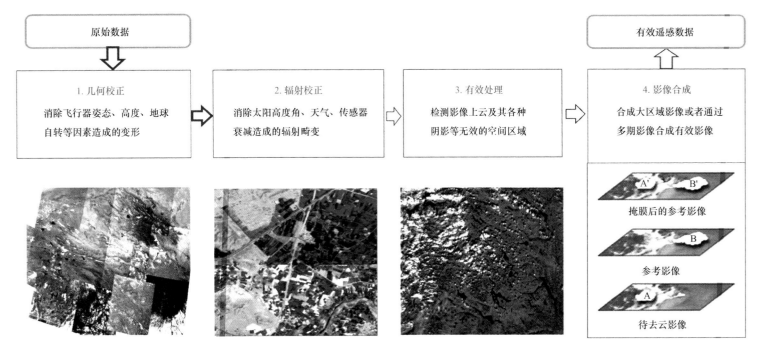

图 2.33　应急信息快速处理的主要功能与流程图

图 2.34　高分二号遥感卫星多光谱和全色图像拼接效果对比图

山区强震往往会诱发大量地质灾害，给当地造成巨大的经济损失和严重的人员伤亡。针对地震触发的滑坡等地质灾害，我们开展了遥感数据获取与快速处理、地震滑坡遥感信息快速判别与提取，以及应急专题图的快速制作等一系列遥感灾害监测工作。以九寨沟地震核心震区漳扎镇为实验区，我们首先对震前震后 Sentinel-2A 遥感影像数据（空间分辨率为 10m）进行数据预处理，并通过自动云掩膜提取算法得到去云后的遥感影像；然后利用投票法对三种基于像元的变化检测阈值结果进行整合，得到滑坡体的初始掩膜，在此基础上，基于多特征参数，对初始掩膜进行逐层修正，剔除非滑坡体，并利用改进的区域生长算法对滑坡边界进行优化；最后通过形态学运算得到更加精确的滑坡范围等信息。通过三维可视化系统对地震滑坡信息产品结果进行可视化浏览与展示，可以有效地支持灾情应急决策。

2017 年 8 月 8 日 21 时 19 分，四川省阿坝藏族羌族自治州九寨沟县发生 7.0 级地震，震源深度 20km，震中位于九寨沟县漳扎镇（北纬 33.20°，东经 103.82°）。漳扎镇地处青藏高原和四川盆地过渡地带，位于塔藏断裂和虎牙断裂附近，区域地势南高北低，地形以山地为主，是此次地震受灾最严重的地区之一，辖区内九寨沟风景区，也受到此次地震的严重破坏。

遥感信息提取方法可以高效准确地提取地震滑坡信息，为地震应急救援和灾后重建等工作提供空间信息支撑。基于深度学习理论，我们构建了深度卷积神经网络模型，通过对地震滑坡遥感影像特征库进行学习训练，对九寨沟地震重灾区五花海-熊猫海周边的 RapidEye 卫星地震滑坡影像进行信息提取，影像空间分辨率为 5m。

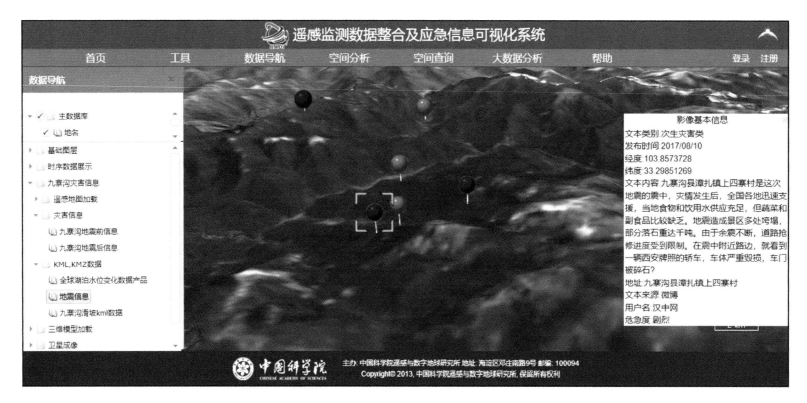

图 2.35　地震滑坡信息产品结果在三维可视化系统的浏览与展示效果图

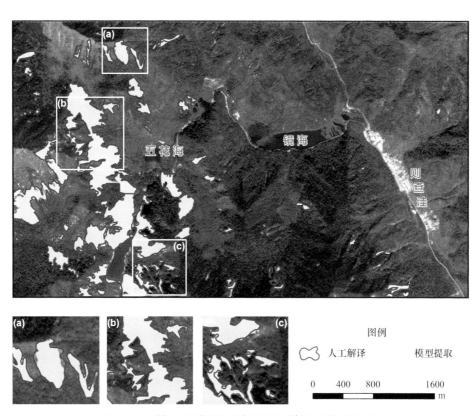

图 2.36　基于深度学习的地震滑坡遥感信息提取

应急快速制图作为地震应急决策救援的重要技术，能够为掌握灾情信息、开展应急救援，以及救援决策制定等提供科学有力的支撑。我们针对应急决策的不同用户对专题图的需求，面向地震灾害，从专题图要素选取、符号设计、注记设计，以及图幅整饰设计等出发，根据不同载体、不同使用方法、不同分辨率点面分布特征，设计研发了多套应急快速制图模板，可以切实提高应急专题图制图效率，为应急救援保障提供技术支撑。

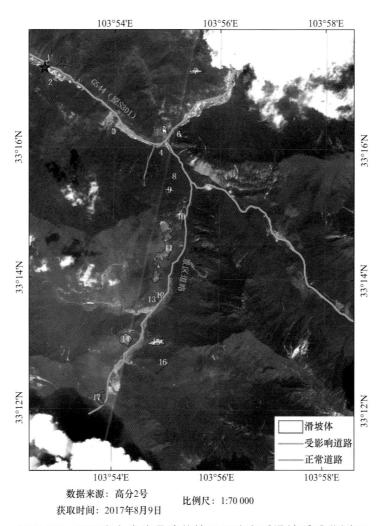

数据来源：高分2号
获取时间：2017年8月9日
比例尺：1:70 000

图 2.37　四川省九寨沟县漳扎镇及周边灾后滑坡遥感监测图

第 3 章　应急服务定制与指挥应用示范

3.1 北京冬奥会应急服务

北京冬奥会外赛场区域的高空（200hPa）湿度较低，并且湿度分布比较均匀，500hPa 水汽增加。接近地面（850hPa）区域由于地形复杂及山区地形的影响，湿度分布变得不均匀。

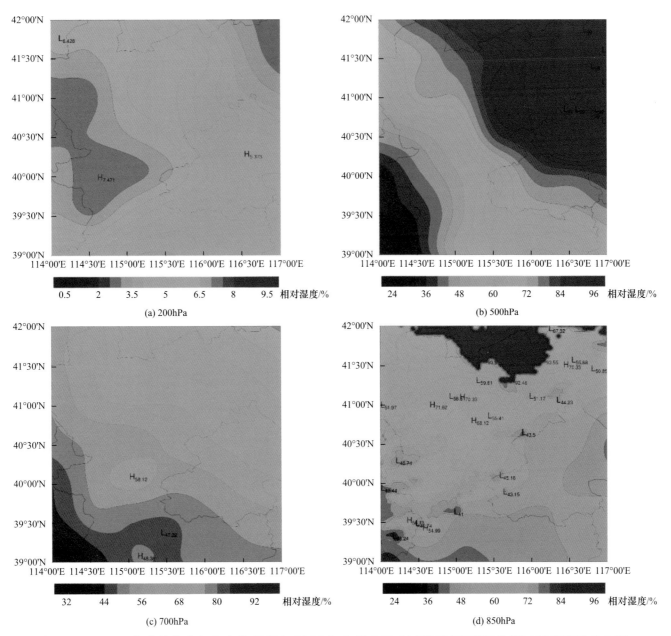

图 3.1 LAPS 生成的北京冬奥会外赛场在 2018 年 2 月 6 日 01 时不同高度层的相对湿度要素分布图

北京冬奥会外赛场区域从高空到地面温度的分布随高度增加呈降低趋势。高空（200hPa）温度达到–50℃，由于是冬季，低空温度也在0℃以下。低空由于地形的影响，温度分布更加不均匀。

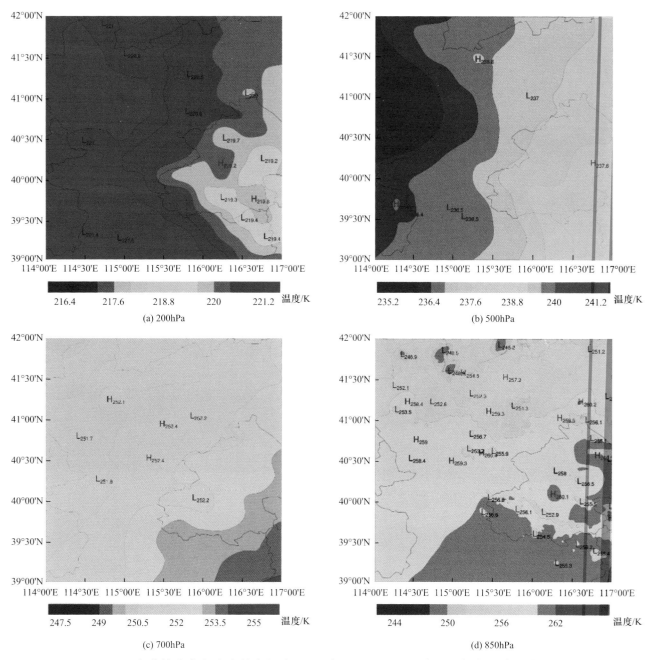

图 3.2　LAPS 生成的北京冬奥会外赛场在 2018 年 2 月 6 日 01 时不同高度层的温度要素分布图

北京冬奥会外赛场区域高空受西风带影响，基本呈强劲的西风，低层风速稍小，受到地形影响，风速有随地形变化的分布态势。

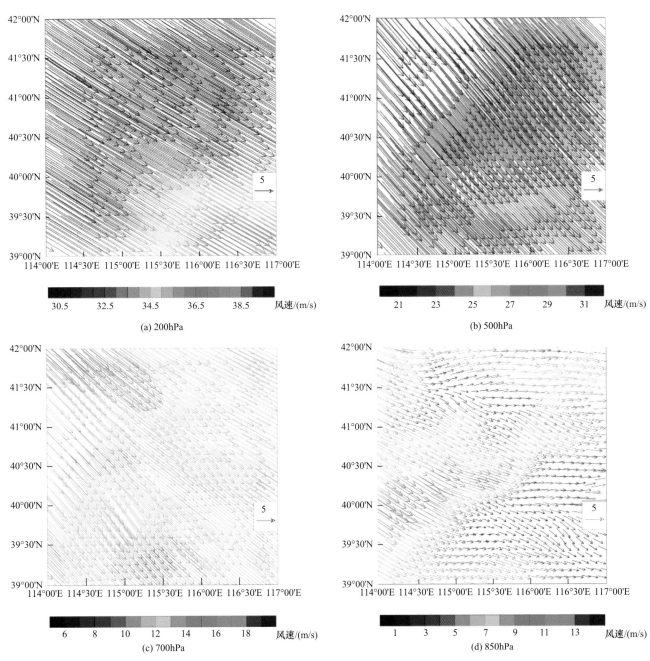

图 3.3 LAPS 生成的北京冬奥会外赛场在 2018 年 2 月 6 日 01 时不同高度层的风场要素分布图

任意曲线剖面的雷达组合反射率产品图基于京津冀地区 8 部新一代多普勒天气雷达形成的三维组网数据制作。其中三维组网数据的空间分辨率为 1km，覆盖水平空间为 800km×800km，垂直高度为 20km。图中同时显示了组合反射率和任意曲线剖面上的雷达反射率。组合反射率为垂直方向多个等高度层雷达反射率最大强度的组合。

任意曲线剖面上的雷达反射率产品都可以将曲线上对应的每个空间点位置上空的所有高度层的反射率都显示出来。每个位置点上空不同高度上的反射率称为反射率的垂直廓线。沿着曲线多个位置的反射率垂直廓线组合在一起就形成一个曲线剖面。曲线

剖面的雷达反射率可以清楚地显示反射率在不同高度的分布情况。通过该剖面，用户可获取反射率强中心所在高度、强反射率是否接地等关键信息，对判断是否会产生冰雹、地面强降水和地面大风等灾害天气具有重要的参考价值。

利用北京冬奥会外赛场气象应急保障平台提供的三维数据显示功能，用户可以通过软件绘制兴趣点。兴趣点自动连成曲线后，既可以得到任意曲线剖面上的雷达反射率，也可以将组合反射率和任意曲线剖面反射率叠加，显示雷达回波在三维空间更完整的分布情况。该产品可以广泛应用于气象等领域。

图 3.4 任意曲线剖面的雷达组合反射率产品

三维风暴体结构产品图基于京津冀地区 8 部新一代多普勒天气雷达形成的三维组网数据制作。其中三维组网数据的空间分辨率为 1km，覆盖水平空间为 800km×800km，垂直高度为 20km。图中同时显示了组合反射率、1000m 高度水平风场和三维风暴体结构。

三维风暴体对三维组网数据中强度超过 35dBZ 的值进行提取，并按照 35、40、45、50 等多个阈值将对应的反射率三维轮廓提取出来，采用三维显示技术，将不同反射率强度对应的轮廓用不同的颜色和透明度呈现。该产品的优势是可以直观地展示强回波的三维空间的结构和风暴的立体结构。1000m 高度水平风场通过雷达探测的径向速度反演得到，可以指示回波的移动方向和速度，还可以判断水平空间气流的复合辐散特征，对预测回波的增加或减弱有一定的预示作用。

利用北京冬奥会外赛场气象应急保障平台提供的三维数据显示功能，用户可以便捷地获取上述产品，并叠加综合显示。该产品可以用于天气临近预报、强对流天气下的民航飞行指挥等领域。

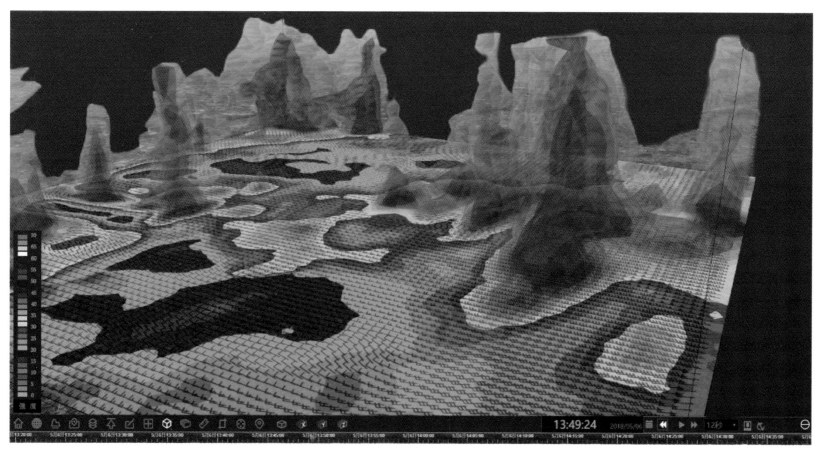

图 3.5　三维风暴体结构产品

3.2 电网应急示范

3.2.1 电网地质隐患应急响应

750kV 伊犁至库车输变电工程是我国首条横跨西天山主脉的输电线路，是国家电网有限公司实践全球能源互联网战略的重要工程。该工程总投资 19.55 亿元，于 2014 年 11 月 5 日开工，起于伊犁尼勒克县 750kV 伊犁变电站，止于阿克苏库车县 750kV 库车变电站，线路全长 353.7km。工程沿线地形以山地和高山大岭为主，海拔在 800～3750m 之间，是我国首条跨越冰川和高山冻土区的 750kV 输电线路，工程建设面临大范围无人区、高海拔区、高山大岭区、古冰川次生灾害影响区、多年高纬度冻土区等，施工难度大。

这项工程的建成完善了新疆 750kV 主网架，形成新疆电力西环网，实现了南北疆电力互供、水电与光伏互补，电网供电可靠

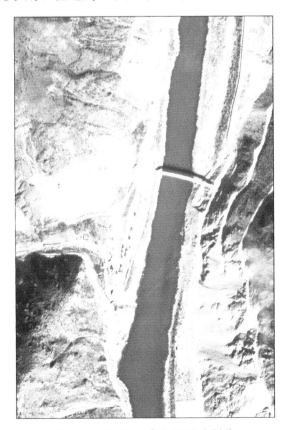

图 3.6 电网地质隐患遥感影像

性明显提升。除提升南北疆供电可靠性外，该工程还为加快实施伊犁至荆门特高压输电工程、中国至巴基斯坦联网工程提供了稳定可靠的电力支撑，推进与周边国家的电网互联互通。因此，保障输电线路通道环境安全、尽快处理发生灾害，是线路运维单位的重中之重。

2018 年 1 月 20 日，一线巡线人员报告该线路某区段输电杆塔存在倾斜、塔基轻微沉降等问题。中国科学院遥感与数字地球研究所和中国电力科学研究院有限公司迅速组成应急小组，协调应急拍摄了该区段的卫星遥感影像，发现距离线路约 900m 处存在大型采矿区。大量货车等待装车、地表植被破坏严重、地质情况恶化是造成输电线路安全隐患的主要原因。应急小组将卫星遥感应急响应结果汇总给相关运维部门，为一线人员快速定位电网环境隐患，开展应急处理与沟通谈判提供了有力支撑。

3.2.2 电网人为隐患应急响应

±800kV 天中线西起新疆天山变电站，东至河南中州变电站，沿线经过六省区，全线 2210km，是新疆清洁电力能源向东部大负荷地区输送的能源大通道，也是我国"西电东送"的重要能源通道之一，有"电力丝绸之路"和"能源高速公路"之称。

2018 年 2 月 18 日，一线巡线人员报告称，线路附近居民发现该线路某区段输电杆塔附近有人为活动痕迹，但是现有巡视人员已前往其他线路巡视，无人可前往现场核实。接到相关运维部门通知后，中国科学院遥感与数字地球研究所和中国电力科学研究院有限公司迅速组成应急小组，协调应急拍摄了 2018 年 2 月 19日和 20 日该区段附近 30km 线路的卫星遥感影像。通过卫星遥感影像目视判读与智能解译，发现指定线路区段正下方存在违规建筑物，可能是临时建筑，极易造成人身安全事故和电网安全事故。同时，发现附近一区段的线路保护区内散落大量工厂和厂房，从纹理看，可能是水泥厂等重工业厂房，很容易影响电网安全。

在获取影像 6h 内完成解译工作，形成应急分析结果，并将结果报送至一线运维部门，使运维部门在人员短缺情况下能够快速直观掌握线路情况，及时做出隐患应对方案，开展隐患处理工作。

图 3.7　输电线路附近遥感影像 1

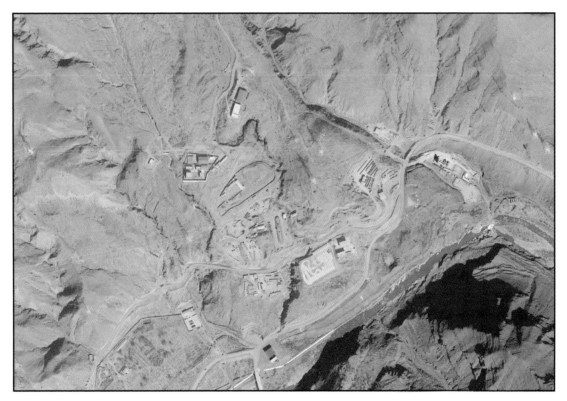

图 3.8　输电线路附近遥感影像 2

3.2.3 电网附近水坝溃堤应急响应

2019 年 1 月 7 日，位于白芨滩国家级自然保护区内的圆疙瘩湖发生溃口事件。该溃口造成沿线下白路 100 余米道路被冲断，约 2714 亩（1 亩 ≈ 666.667m²）农田过水、沙压和受灾，81.6km 沟渠、139 座水利设施、1170 亩水保林被冲毁，3.5km 供电线路受损，白芨滩林场部分区域被流水冲刷，20 余条沙砾路被冲毁。事件发生后，有关部门转移两镇、三个村庄 500 户 2000 余名村民，预警疏散 3000 余人。

圆疙瘩湖距离 750kV 州川线约 13km，因此急需开展溃口对州川线影响情况的应急分析。接到相关运维部门通知后，中国科学院遥感与数字地球研究所和中国电力科学研究院有限公司迅速组成应急小组，协调应急拍摄了 2019 年 1 月 7 日和 1 月 9 日指定地点附近的卫星遥感影像，对 104 基杆塔受灾情况进行分析。应急小组通过目视判读与智能解译 1 月 5 日卫星遥感影像发现一切正常，溃堤事件尚未发生。1 月 7 日上午 11 时 43 分的影像显示，圆疙瘩湖已发生溃坝，造成洪泛区（图 3.9 红色框），但此时尚未到达输电线路附近。1 月 9 日洪水进一步扩大至州川线附近（图 3.10 黄色框），洪泛区覆盖州川线#96 杆塔，对附近 4 基杆塔的塔基稳定产生巨大隐患。

本书作者团队在获取影像后 3h 内完成解译工作，形成应急分析结果报告，报送至一线运维部门。一线人员基于应急分析报告，快速直观掌握线路情况，对受灾严重区域开展现场重点勘查并做出相关防护工作。

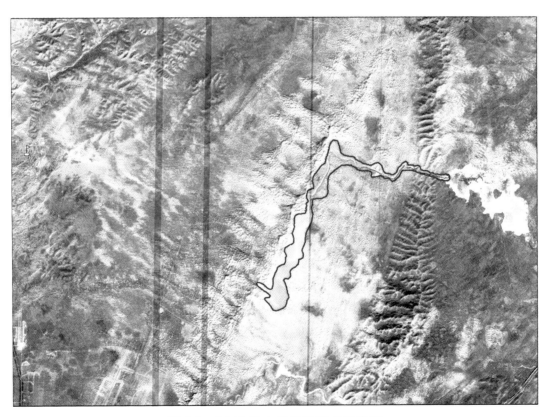

图 3.9　2019 年 1 月 7 日遥感影像图

图 3.10　2019 年 1 月 9 日遥感影像图

图 3.11　变化检测结果（红色框为 1 月 7 日洪泛区，洪水尚未到达输电线路附近；黄色框为 1 月 9 日洪泛区，洪水进一步扩大至州川线附近）

3.2.4　强降雪覆冰灾害下输电线路监测

2017 年 12 月 22 日以来，新疆北疆地区多次出现强降雪大风寒潮天气，特别是 2018 年 1 月 4 日至 8 日阿勒泰、塔额盆地连降暴雪，部分地区降雪幅度突破历史同期极值。1 月 17 日新一轮伴随着剧烈降温、降雪和大风的寒潮天气继续影响新疆，其中阿勒泰、塔城、北疆沿天山一带、哈密北部、天山同山区等地部分地区的降雪达中到暴量。持续大雪使上述地区气温急剧下降，其中阿勒泰、塔城部分地区最低气温降至零下 42℃。

新疆北部持续强降雪对群众生产生活、交通运输造成严重影响，局部地区交通受阻，电力中断。新疆北部阿勒泰、塔城地区安全供电压力增大。阿勒泰地区的各个变电站设备区和电气设备均被厚厚的积雪覆盖，有的地方积雪已和 2m 高的围墙平齐，设备安全运行受到严重的威胁。在塔城地区，暴雪加上 8~10 级的狂风造成输电线路多点跳闸。

2018 年 1 月 19 日，接到新疆相关运维部门通知，伊库线某区段由强降雪和大风造成输电线路杆塔大幅倾斜，甚至倒塔，急需开展应急监测，对存在问题的输电杆塔定位并开展路径规划。中国科学院遥感与数字地球研究所和中国电力科学研究院有限公司迅速组成应急小组，协调应急拍摄了 2018 年 1 月 20 日~22 日指定区段的卫星遥感影像，覆盖 218 基杆塔。通过训练深层卷积神经网络模型，在卫星雷达影像上智能提取输电杆塔，发现大幅形变/倒塔的输电杆塔 11 基，在接到应急任务后的 24h 内完成影像获取、结果分析和报告生成，并报送至一线运维部门。

国网新疆电力有限公司接到报告后，迅速组织人员进行故障排查抢修，清除设备积雪和覆冰，以最快的速度恢复主要线路供电。此外，还增加了值班力量和巡检次数，尤其对重点隐患部位强化监控，采取 24h 值班、超前防控、靠前指挥等一系列应急措施。

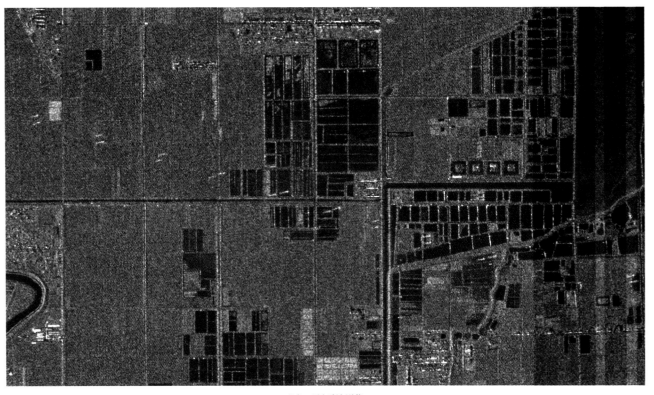

(a) 卫星雷达影像

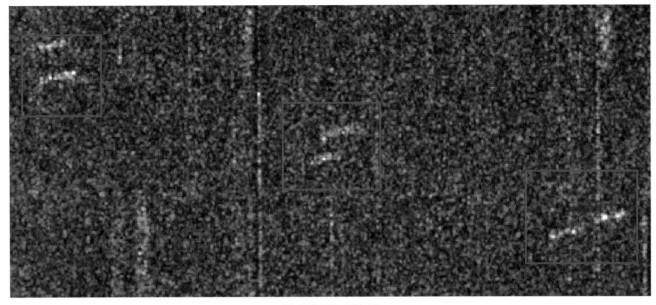

（b）正常杆塔（蓝色框）

（c）倒塔杆塔（红色框）

图 3.12　强降雪下卫星雷达影像对输电杆塔监测

3.2.5 电网洪涝灾害应急响应

2018 年 3 月起，新疆伊犁、塔城、阿勒泰、昌吉、乌鲁木齐、博尔塔拉等地出现大到暴量的降水，多地发生融雪性洪水，大量房屋倒毁。在此过程中，新疆又遭遇强降雪及大风沙尘气候过程，伊犁河谷、阿勒泰、塔城，以及沿天山一带北部地区的降雪达中到暴量，南部部分地区出现扬沙或沙尘暴。

2018 年 5 月 23 日，伊库线一些区段受洪水影响，部分杆塔可能被洪水浸泡，造成杆塔塔基松动、杆塔倾斜等问题，产生电网安全隐患。为第一时间评估不同杆塔的受灾程度，国网新疆电力有限公司运维部门发出协助邀请，要求使用卫星遥感开展应急监测。接到相关运维部门通知后，中国科学院遥感与数字地球研究所和中国电力科学研究院有限公司迅速组成应急小组，协调应急拍摄了 2018 年 5 月 23 日该区段附近 40km 线路的卫星遥感影像，覆盖 132 基杆塔。应急小组通过建立深度学习模型自动提取洪水区域面积，判断输电杆塔与洪水距离，对输电杆塔受洪水影响进行分级评估，在灾害发生后 8h 内得到应急分析结果，发现 14 基潜在风险较高的输电杆塔，并形成应急分析结果报告，报送至一线运维部门。基于应急分析报告，一线人员能够快速直观掌握线路情况，形成相关应急处理方案并针对潜在风险较高的输电杆塔开展现场重点勘查，及时应对自然灾害对电网安全运行造成的影响。

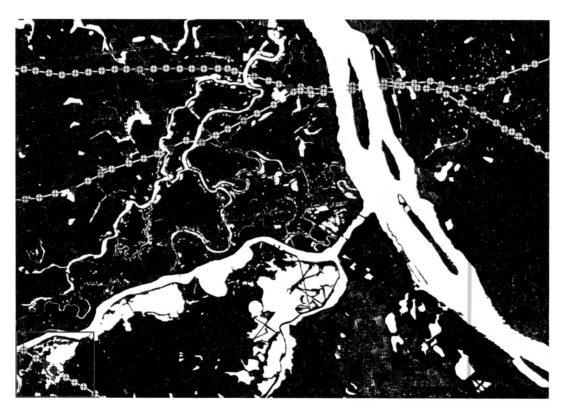

图 3.13　洪水应急监测结果

图 3.14　图 3.13 红色框区域洪水前监测结果（红色箭头所示区域是农田和居民区）

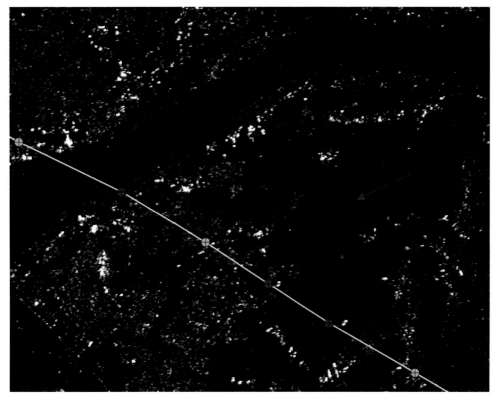

图 3.15　图 3.13 红色框区域洪水后应急监测结果（红色箭头所示区域变成洪水）

3.3 国内地震应急监测示范

3.3.1 新疆阿克陶地震应急示范

2016 年 11 月 25 日，新疆克孜勒苏柯尔克孜自治州阿克陶县境内，塔吉克斯坦共和国国境线附近，帕米尔构造结北部木吉断陷盆地西端发生中强地震。截至 11 月 26 日 10 时，这次地震已造成 1 人死亡，32 间房屋倒塌，55 间房屋开裂，37 座羊圈倒塌。

主震位于木吉断裂上，震源深度约 9.3km，地震破裂长度约为 80km，绝大多数余震主要分布在木吉断裂南侧。发震断层的位置与木吉断裂高度吻合，合成孔径雷达干涉(synthetic aperture radar

interferometry, InSAR)形变主要分布在木吉断裂附近，表明地震破裂主要集中在地壳浅部。根据干涉处理解译图可以看出，有东、西两个干涉条纹密集区，其最大雷达视线向(light of sight, LOS)形变量约为 10.8cm；西部干涉条纹密集区(即形变区) 范围明显大于东侧干涉条纹密集区的范围，表示西部的地震范围大，断层可能较大较深；断层北盘的形变速率整体为正，断层南盘的形变速率整体为负。考虑使用的是降轨数据，断层北盘朝向卫星运动，即向东运动，断层南盘背离卫星运动，即向西运动，因此发震断层的震后运行仍以右旋运动为主。对比两盘的形变速率可以看出，北盘的形变速率整体高于南盘；震后形变主要分布在主震发震断层附近，主震东侧的断层震后运动不明显，震后形变多反映流水侵蚀造成的地表形变。

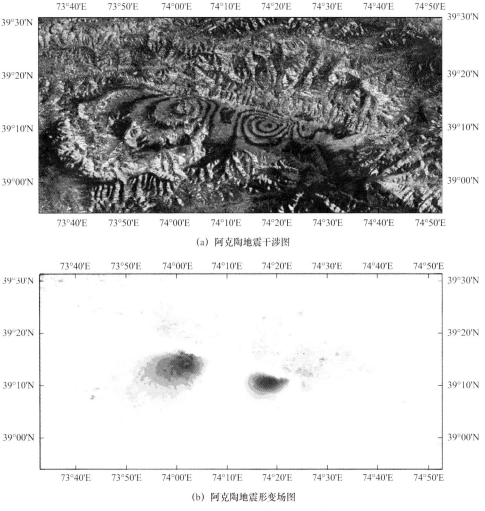

(a) 阿克陶地震干涉图

(b) 阿克陶地震形变场图

图 3.16 阿克陶地震干涉图及形变场图

在断层北盘按照到断层迹线的距离由近到远各取三个样本点 A1、A2、A3，在南盘按照到断层迹线的距离由近到远各取三个样本点 B1、B2、B3，分析其累计形变量的时序变化及阿克陶地震震后形变的时间模式。可以看出，北盘和南盘样本点的累积形变量均呈现随时间变化的线性变化趋势，形变速率未呈现减小趋势。这说明，发震断层累积的应变能还未释放完毕，该区域在 439 天后仍有很大的可能继续受震后形变机制的影响。

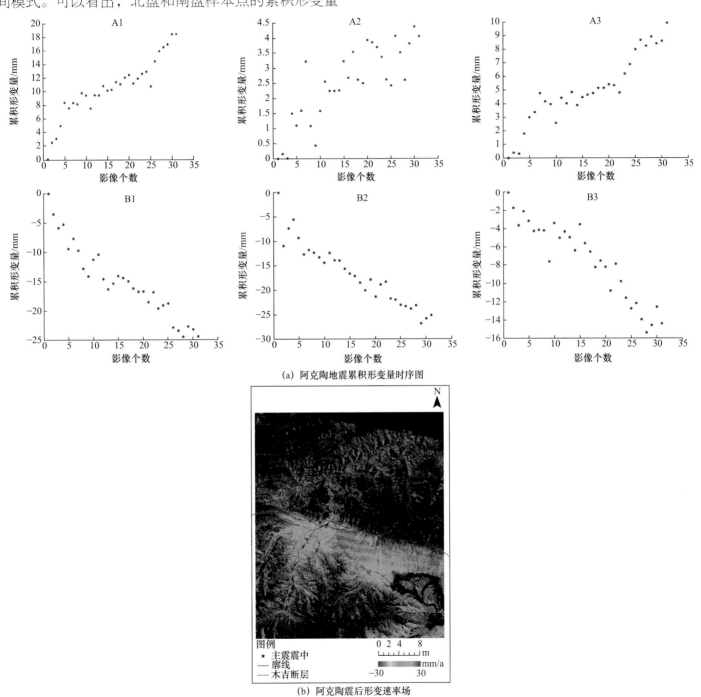

(a) 阿克陶地震累积形变量时序图

(b) 阿克陶震后形变速率场

图 3.17　阿克陶地震累积形变量时序图及震后形变速率场

3.3.2　新疆精河地震应急示范

2017 年 8 月 9 日 7 时 27 分，新疆博尔塔拉蒙古自治州精河县发生 6.6 级地震。震中位于东经 82.89°，北纬 44.27°，震源深度约为 11km，震级大，震源浅，震中附近地区震感强烈。截至 8 月 9 日 12 时，精河县共 32 人受伤(重伤 3 人)。截至 8 月 9 日 16 时，共有 307 间房屋倒塌，裂缝受损房屋 5469 间，院墙倒塌 213 处、受损 195 处，牲畜棚倒塌、受损 153 处，6 处路面受损，6 栋楼房

出现裂缝，牧区未受影响和损失。此次地震震中位于精河县城西南约 37km 的山区，地震由库松木契克山前断裂活动造成。由干涉纹图可以看出，东南盘大约有 4 个干涉条纹，而西北盘约有 2 个干涉条纹，东南盘形变量比西北盘形变量大；地震的干涉形变场比较明显。震中 LOS 形变量为正值。该数据为升轨数据，表示形变靠近卫星，为震中隆起。由此可判断，此次地震为逆冲型为主的地震。

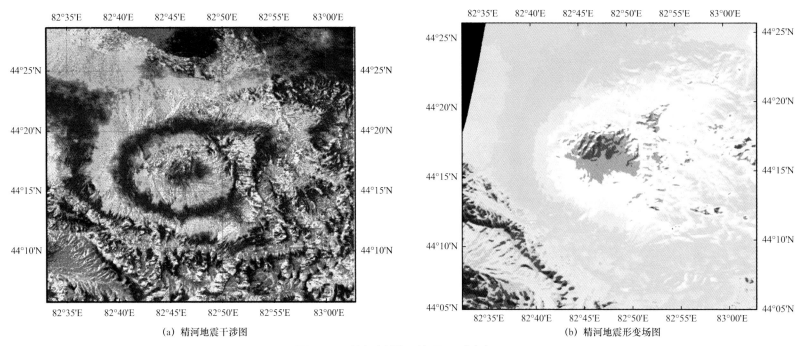

(a) 精河地震干涉图　　　　　　　　　　　(b) 精河地震形变场图

图 3.18　精河地震干涉图及形变场图

3.3.3　四川九寨地震应急示范

2017 年 8 月 8 日 21 时 19 分，四川省阿坝藏族羌族自治州九寨沟县发生 7.0 级地震，震中位于东经 103.82°，北纬 33.20°，震源深度约为 20km。九寨沟县城多处房屋墙体脱落，从九寨沟景区通往九寨沟县城的道路出现落石。地震造成 13 人死亡、175 人受伤（28 人重伤）。此次地震震中位于岷江断裂、塔藏断裂和虎牙断裂附近。岷江断裂是西倾的全新世逆断裂，塔藏断裂和虎牙断裂是全新世断裂。发震构造推测为塔藏断裂南侧分支和虎牙断裂北

段。根据断层分布及形变图可判断这是一次左旋走滑型为主的地震；九寨地震断层东侧失相干较严重，断层西侧约有 5 个干涉条纹，最大 LOS 形变达 14cm。断层偏东南部分，有断断续续的干涉条纹，可以看出大约有 5 个干涉条纹，由于断层部位失相干严重，原本应与西侧干涉条纹是一体的；断层上方位置形变量更大，约有 7 个干涉条纹，形变达 19.6cm；整体可以看出，靠近断层的地方破坏比较严重。地震断层破裂带主要集中在地下 1~13km 范围内，地震最大滑动量 2m，出现于地下约 6km 处，平均滑动角为-3°。

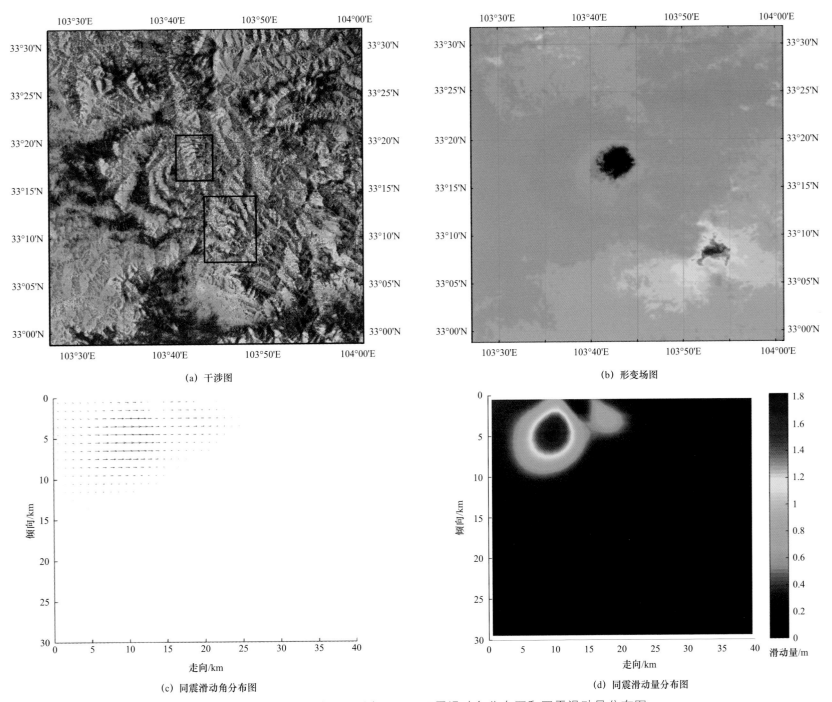

(a) 干涉图

(b) 形变场图

(c) 同震滑动角分布图

(d) 同震滑动量分布图

图 3.19 九寨地震干涉图、形变场图、同震滑动角分布图和同震滑动量分布图

3.4 国际地震应急监测示范

3.4.1 伊拉克地震应急示范

我们使用 Sentinel-1 升降轨数据分别做出同震形变场,图 3.20 中黑框为发震断层投影,五角星为震中。从伊拉克地震同震形变场可以看出,震区西南部分呈抬升趋势,东北部分呈下沉趋势,最大抬升量为 62.5cm,最大沉降量为–42.6cm。

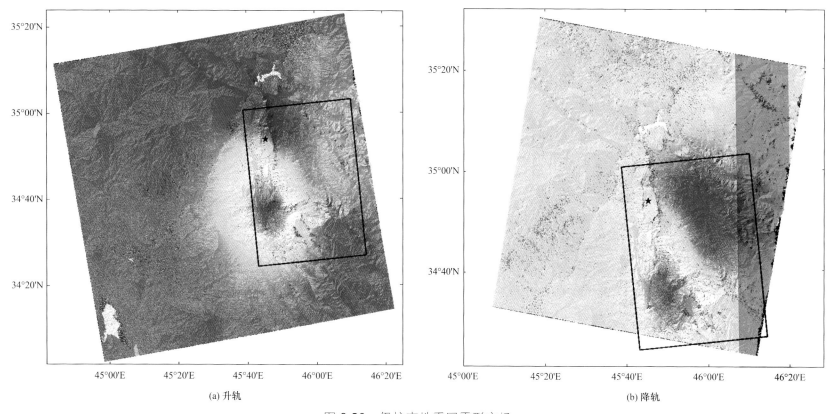

(a) 升轨 　　　　　(b) 降轨

图 3.20　伊拉克地震同震形变场

我们使用 Sentinel-1 升轨时序数据研究地震的震后形变速率及累积形变场时空模式。数据范围为 2017 年 12 月 5 日～2019 年 2 月 22 日,共 445 天。从伊拉克震后形变速率图可以看出,原同震沉降区在震后呈现抬升趋势,原同震抬升区在震后呈现下沉趋势。同震形变区西部出现大幅度的抬升,形变速率高达 7cm/a。同震形变区从南部同时出现抬升和沉降,经验证这是由 2018 年 8 月 25 日出现的 6.0 级地震引起的形变场。从伊拉克震后累积形变时序图中也可以看出,2018 年 8 月 26 日该区域出现明显的形变。

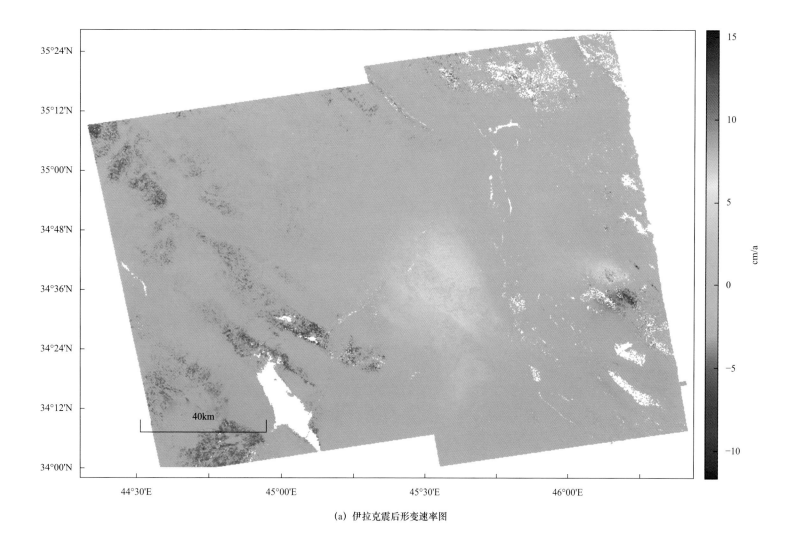

(a) 伊拉克震后形变速率图

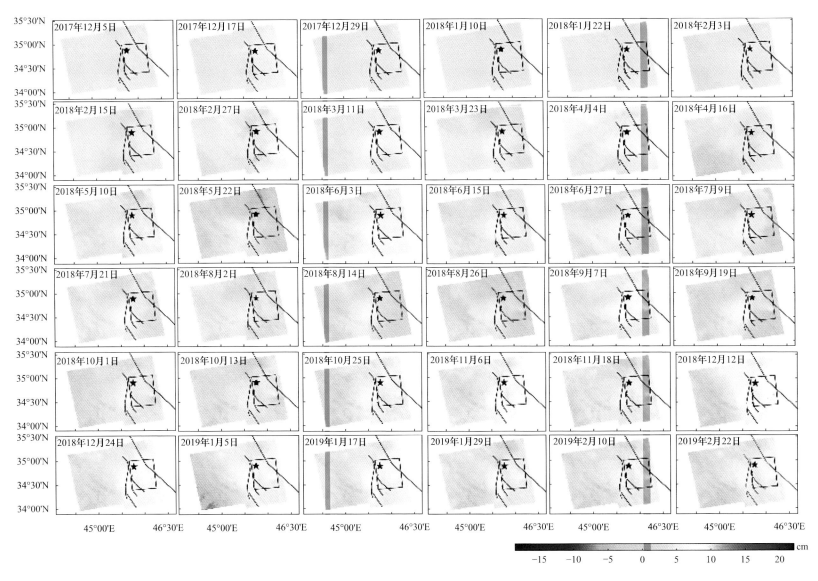

(b) 伊拉克震后累积形变时序图

图 3.21　伊拉克震后形变速率图及震后累积形变时序图

在研究区选取出 A、B、C、D、E 五个点，其中 A、B 两点分别位于 2018 年 8 月 25 日地震北盘和南盘；E、D 两点分别位于伊拉克地震的下沉盘和抬升盘；C 点位于震后抬升区。我们从震后 445 天累积形变图可以看出，在 2018 年 8 月 25 日之前，A 点形变缓慢，之后受地震影响快速抬升；B 点的时序变化与 A 点类似，但是变化幅度小于 A 点；位于同震下沉盘的 E 点在震后反而显示出抬升趋势；位于同震抬升盘的 D 点在震后反而显示出下沉趋势；C 点同震形变基本为 0，但是在震后却呈现出线性抬升趋势。此外，从 C、D、E 三点的时序曲线均可看出，形变随时间基本呈线性变化趋势，即在震后 445 之后的较长时间内，该区域还会受到震后机制的影响。

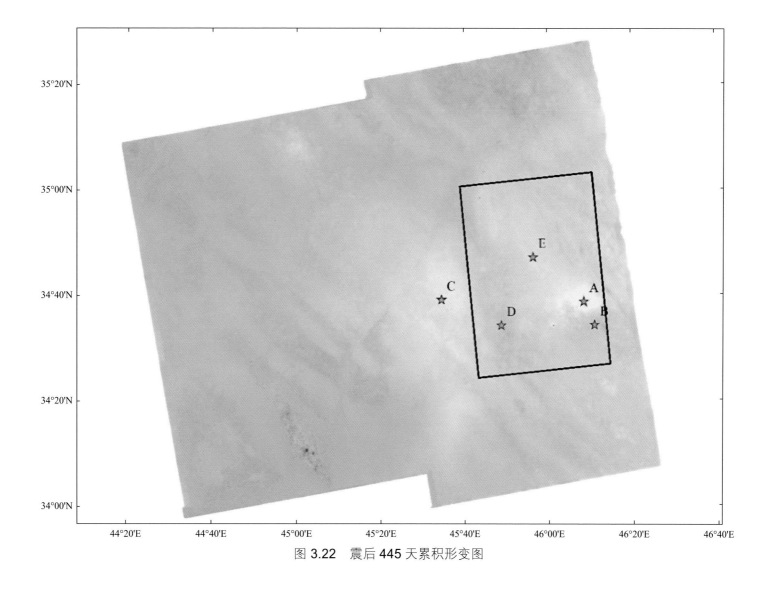

图 3.22　震后 445 天累积形变图

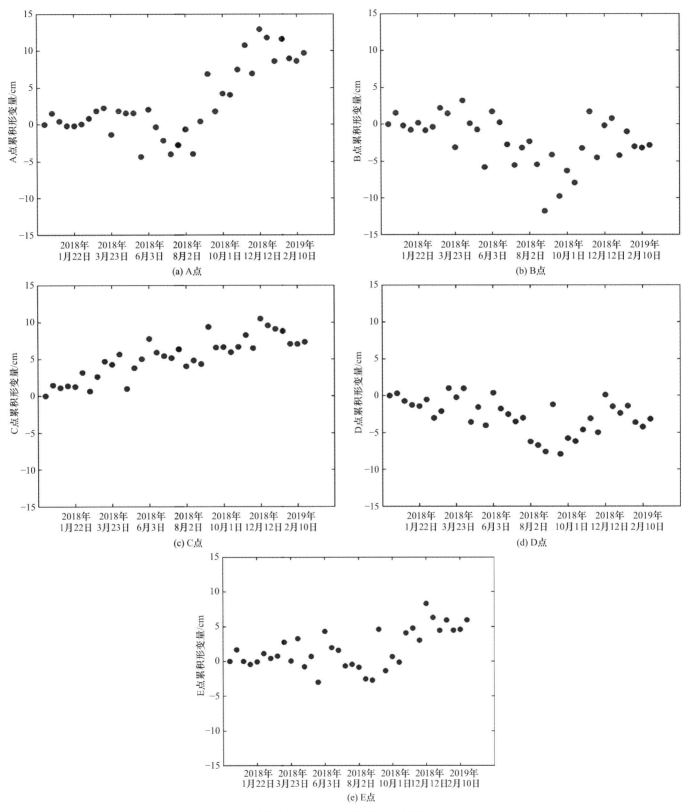

图 3.23　样点累积形变时序图

由同震形变和震后445天累积形变及归一化形变图可以看出，升降轨同震形变场具有相同的空间分布模式，震后累积形变场在同震区域呈现出与同震形变相反的趋势，并且在同震形变区西部出现大范围形变。

沿 AA′和 BB′廓线可以分别做出升轨同震形变、降轨同震形变及震后 445 天累积形变图。可以看出，在同震形变区，同震形变和震后形变呈相反的空间变化模式，在 0~31km 和 0~26km，同震形变基本为 0，震后形变较大。因此，结合以上分析可知，在同震形变区，同震形变和震后形变空间变化呈负相关，同时在同震形变区西部具有较大的震后形变产生。

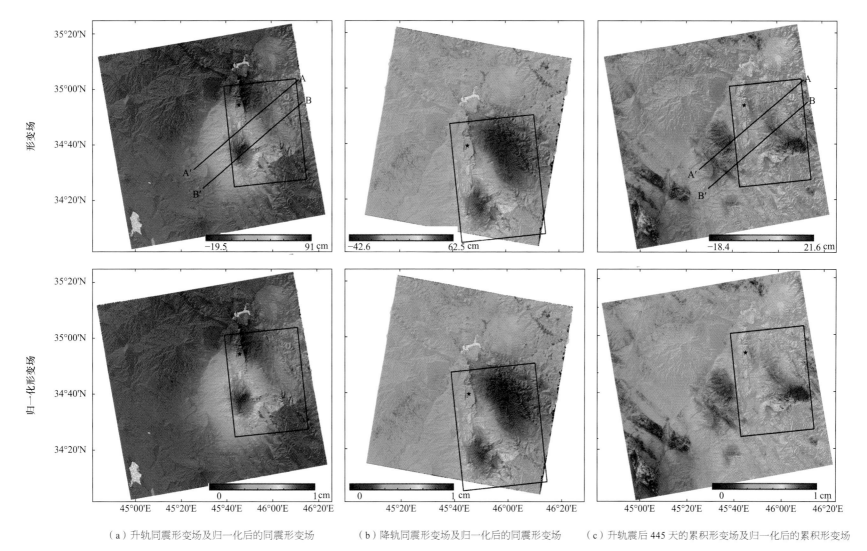

（a）升轨同震形变场及归一化后的同震形变场　　　（b）降轨同震形变场及归一化后的同震形变场　　　（c）升轨震后 445 天的累积形变场及归一化后的累积形变场

图 3.24　同震形变和震后 445 天累积形变及归一化形变图

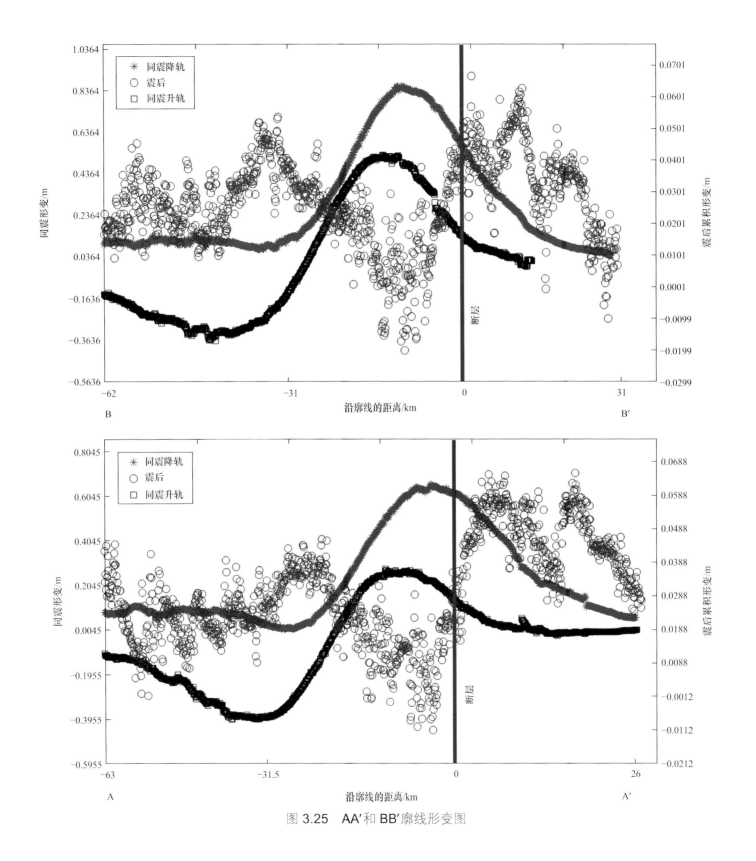

图 3.25 AA'和 BB'廓线形变图

3.4.2 建筑物损毁评估示范

建筑物损毁后，Touzi 分解得到的散射角 α_{s1} 分量明显变小，并且 α_{s1} 分量减小的量与建筑物损毁程度密切相关，因此我们可以利用灾害前后的 α_{s1} 构建建筑物损毁指标，并基于该指标建立建筑

物损毁程度评估模型。我们以 2011 年 3 月 11 日发生在日本东北部海域的地震为例，利用灾前和灾后的 ALOS 相控阵型 L 波段合成孔径雷达（phased array type L-band synthetic aperture radar，PALSAR）极化数据和高分辨率光学数据开展实验分析，结果表明该模型可实现建筑物区域损毁定量评估制图。

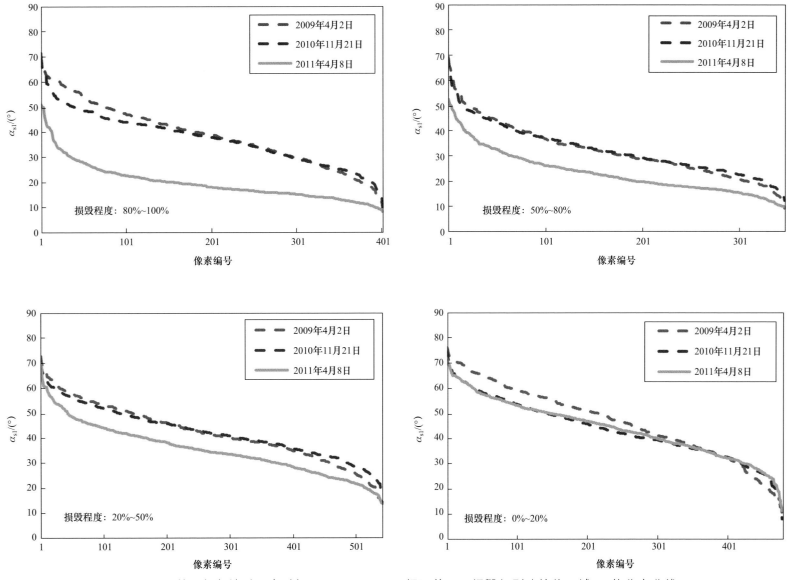

图 3.26　利用灾害前后三个时相 ALOS PALSAR 提取的不同损毁级别建筑物区域 α_{s1} 值分布曲线

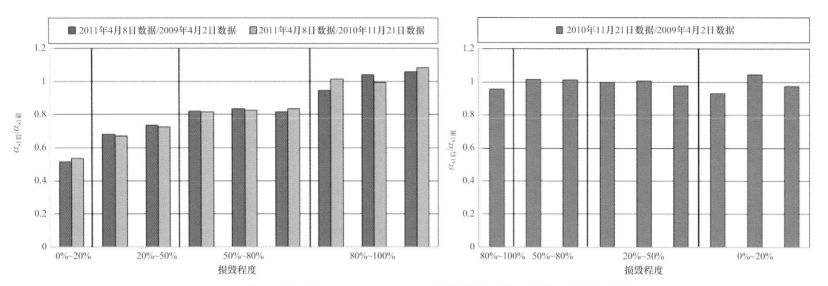

图 3.27　利用三个时相 ALOS PALSAR 图像计算得到的 9 个样区的损毁指标

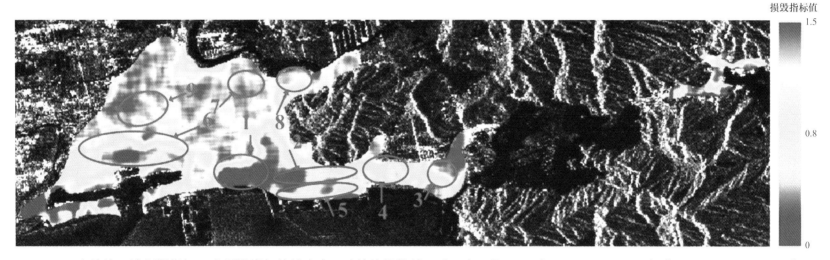

图 3.28　建筑物区域损毁指标图（损毁指标值越小表示建筑物损毁越严重，底图是 2010 年 11 月 21 日 HH 极化 ALOS PALSAR 图像）

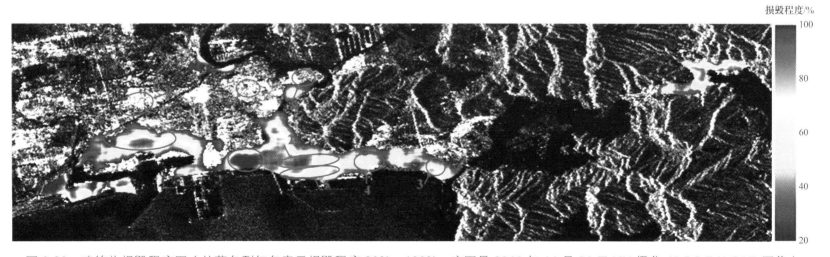

图 3.29　建筑物损毁程度图（从蓝色到红色表示损毁程度 20%～100%，底图是 2010 年 11 月 21 日 HH 极化 ALOS PALSAR 图像）

为了快速识别受灾靶区，我们将视觉注意模型引入变化检测，提出一种 Itti 显著性检测与 Z 因子变化检测相结合的受灾靶区快速圈定方法，首先对灾前灾后 SAR 图像预处理，然后利用 Z 因子方法生成变化差异图，通过 Itti 显著性算法对变化差异图进行显著性计算，最后对显著图进行分割，圈定受灾靶区的范围。实验表明，该方法适用于不同分辨率的 SAR 图像。

案例一：日本熊本地震高分辨率 SAR 图像损毁靶区快速检测

图 3.30　日本熊本地震光学图像及 2016 年 4 月 14 日受灾情况（绿色方框代表熊本市范围，黄色方框代表受灾靶区益城町范围，白色方框是受灾靶区中两处建筑物损毁详细情况，红色方框代表损毁建筑物）

图 3.31 震前（2016 年 3 月 7 日）和震后（2016 年 4 月 18 日）ALOS 2 HH 极化图像（分辨率 1.43m×2.03m）

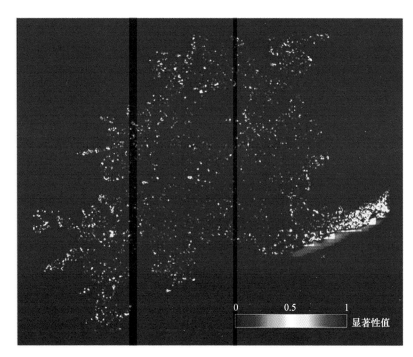

（a）基于Itti显著性算法计算得到的显著图　　　　　　　　　（b）显著性值高于70%的区域叠加到2016年3月7日HH极化ALOS 2图像上的结果

图 3.32 显著图及靶区圈定结果

案例二：印度尼西亚帕卢地震低分辨率 SAR 图像损毁靶区快速检测

图 3.33　印度尼西亚帕卢光学图像及 2018 年 9 月 28 日地震受灾情况

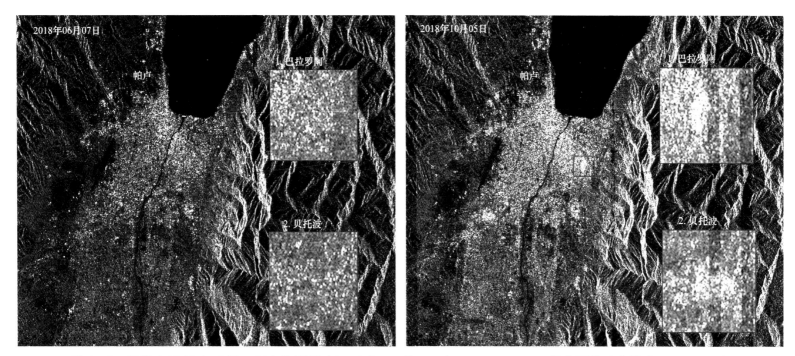

图 3.34 震前（2018 年 6 月 7 日）和震后（2018 年 10 月 5 日）Sentinel-1A VV 极化图像（分辨率 5m×20m）

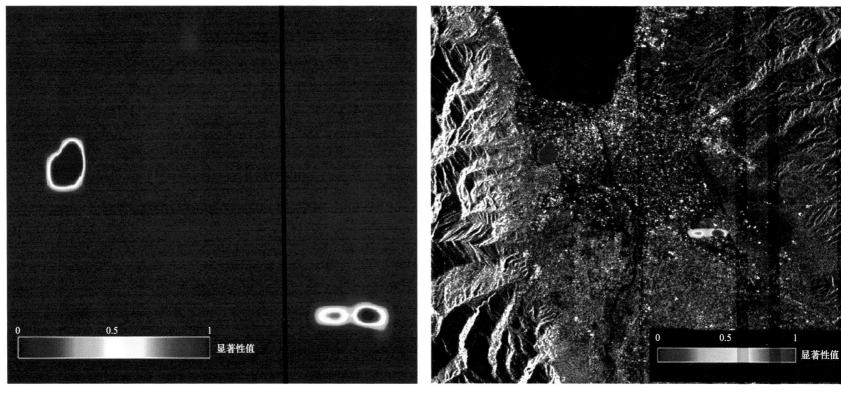

（a）基于Itti显著性算法计算得到的显著图　　　　　　　　　（b）显著性值高于70%的区域叠加到2018年6月7日VV极化Sentinel-1图像上的结果

图 3.35 显著图及靶区圈定结果

项 目 花 絮

项目组开展了北京冬奥会气象应急保障服务系统研究，先后向国家体育总局、冬季运动管理中心和国家队提供多份自由式滑雪空中技巧项目科技专报，得到国家队应用并产生显著成效。国家体育总局及北京冬奥会组委会相关领导听取项目负责人邵芸研究员关于北京冬奥会外赛场气象环境的技术汇报后，对研究成果给予了高度肯定。2018 年，邵芸研究员受邀赴平昌冬奥会进行技术观摩。项目成员作为遥感专家、气象专家受邀与国家集训队进行多次深入研讨。

邵芸与北京冬奥会中国奥委会主席苟仲文在中国共产党第十九次全国代表大会合影（左：邵芸，右：苟仲文）

项目组与国家集训队在崇礼训练基地进行交流

项目组与国家集训队在秦皇岛国家队训练基地进行交流

项目负责人和总指挥赴国家体育总局汇报北京冬奥会气象服务研究成果

项目组成员实地考察与学术交流

邵芸研究员参观 2018 平昌冬奥会运动员村　　　　邵芸研究员作为中国体育代表团成员赴
平昌冬奥会进行技术观摩

2019 年 4 月 30 日,国家应急管理部中国地震应急搜救中心相关领导听取邵芸研究员有关项目研究成果的专题报告,双方就重特大地震地质等自然灾害天空地协同遥感精准应急响应与救援处置服务合作事宜展开深入交流。目前,项目组研发的技术系统已经成功部署,作为我国应对重特大地震地质等自然灾害应急监测、响应与救援处置决策、指挥调度和共享的服务平台。

邵芸研究员向国家应急管理部中国地震应急搜救中心介绍项目研究成果

中国地震应急搜救中心工作人员与项目组成员交流合作

天空地协同遥感监测精准应急服务 图集

项目组成员通过国际学术会议、学术报告、学术研讨等形式进行学术交流，促进项目成果的推广。

邵芸研究员在云南省地震局做 InSAR 地表形变测量学术报告

肖青研究员在第二届中国智慧通航高峰发展论坛介绍天空地协同应急技术体系

项目专家到怀来遥感试验站探讨无人机遥感应急应用

肖青研究员在 2019 国际地球科学与遥感大会介绍天空地协同应急技术